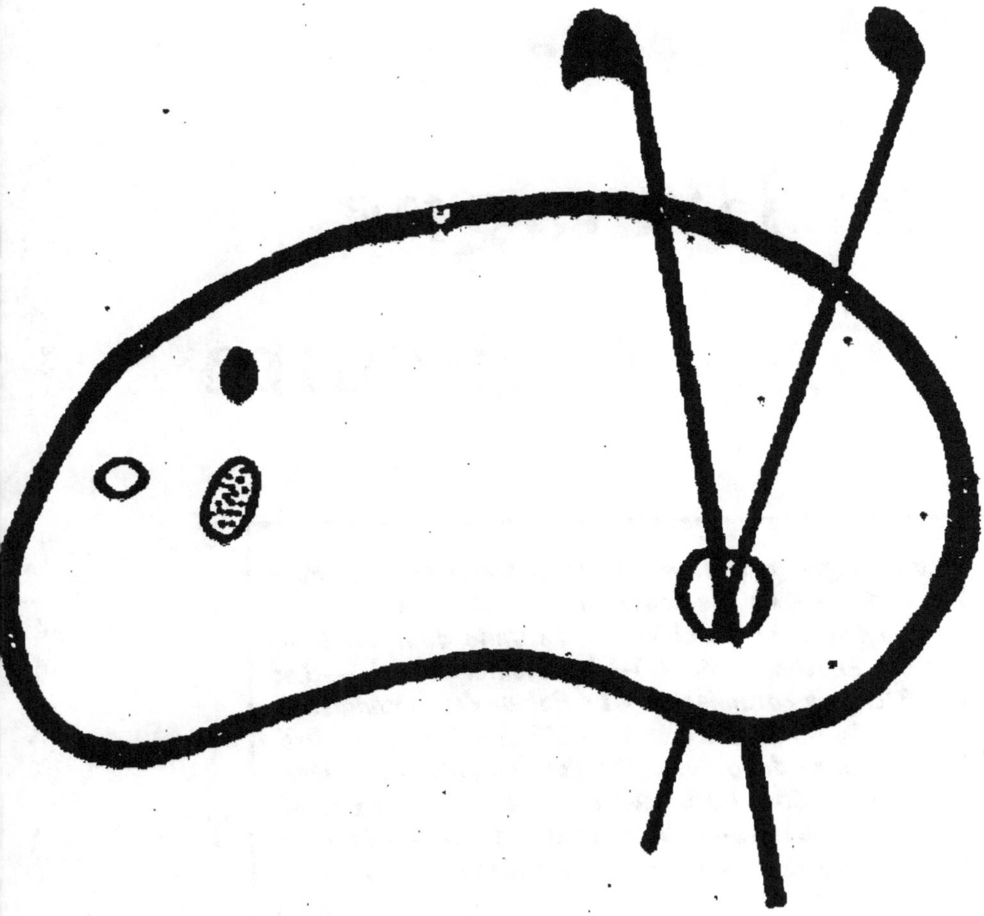

DEBUT D'UNE SERIE DE DOCUMENTS
EN COULEUR

CHARLES GÉNIAUX

La Bretagne
         et les Pays Celtiques
              * * *

La Bretagne
vivante

La Bretagne pauvre. — Le Communisme rural au Pays Gallot. — La Vie bretonne. — Les Rebouteurs. — Magiciens et Sorciers. — Le Culte de la Mort. — Les Artisans bretons. — Le Mobilier breton. — Les Pêcheurs sardiniers. — Le Retour des Islandais. — Les Sauveteurs bretons. — L'Enfant breton. — Proclamation de la Révolution dans un village morbihannais. — Chez les Bigoudens. — Le Pardon de Saint-Jean-du-Doigt. — Ploërmel et Josselin. — Le Golfe du Morbihan. — Au Pays des Chupens blancs.

PARIS

HONORÉ CHAMPION LIBRAIRE-ÉDITEUR

5, QUAI MALAQUAIS, 5

—

1912

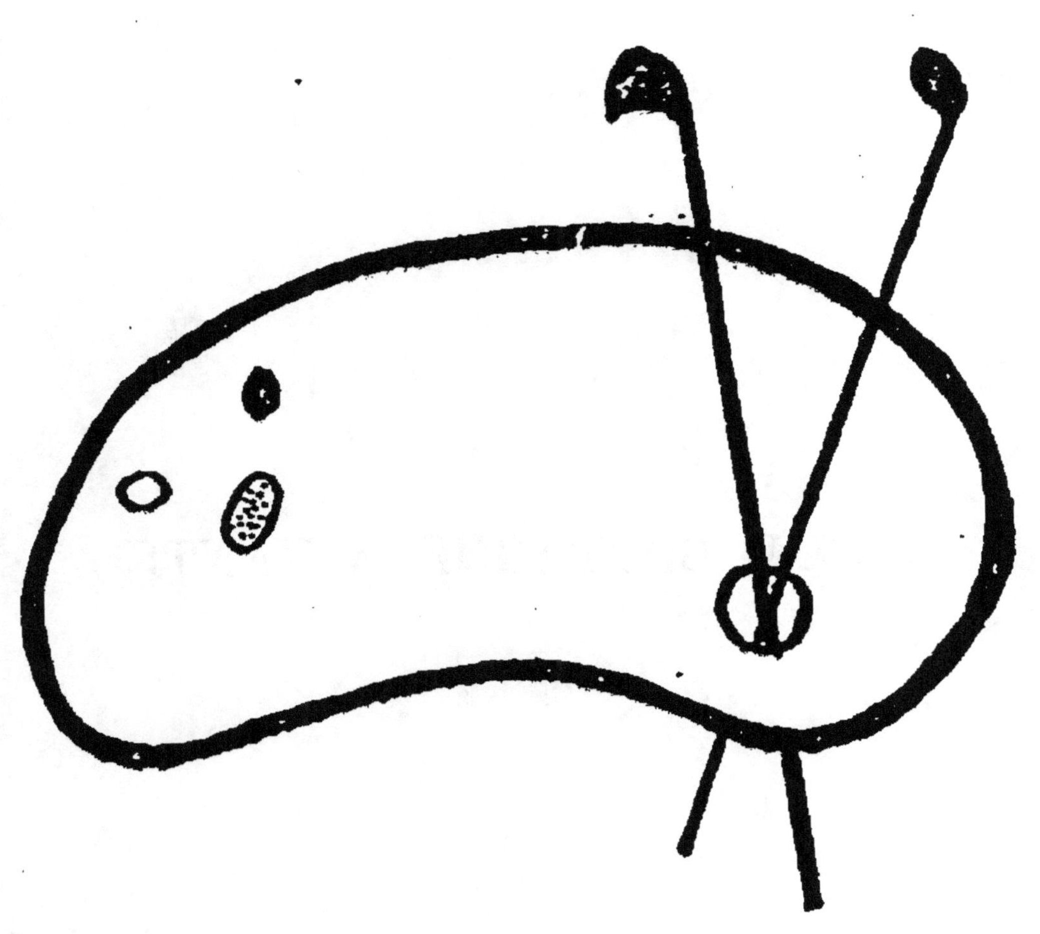

**FIN D'UNE SERIE DE DOCUMENTS
EN COULEUR**

LA BRETAGNE VIVANTE

La Bretagne et les pays celtiques

LA BRETAGNE VIVANTE

PAR

CHARLES GÉNIAUX

La Bretagne pauvre. — Le Communisme rural au Pays Gallot. — La Vie bretonne. — Les Rebouteurs. — Magiciens et Sorciers. — Le Culte de la Mort. — Les Artisans bretons. — Le Mobilier breton. — Les Pêcheurs sardiniers. — Le Retour des Islandais. — Les Sauveteurs bretons. — L'Enfant breton. — Proclamation de la Révolution dans un village morbihannais. — Chez les Bigoudens. — Le Pardon de Saint-Jean-du-Doigt. — Ploërmel et Josselin. — Le Golfe du Morbihan. — Au Pays des Chupens blancs.

PARIS

HONORÉ CHAMPION, LIBRAIRE-ÉDITEUR

5, QUAI MALAQUAIS, 5

—

1912

I

LA BRETAGNE PAUVRE

La célèbre description des paysans de La Bruyère a laissé un souvenir d'autant plus vif que nous croyons aujourd'hui à un certain bien-être chez nos populations rurales.

On étonnerait peut-être les citadins en leur apprenant qu'il y a encore quelques centaines de mille paysans bretons [1] qui vivent dans des conditions presque identiques à celles de leurs ancêtres du XVIIe siècle.

Accoutumé à fréquenter ces cultivateurs depuis notre enfance et porté à l'étude de leurs mœurs savoureuses, il nous plairait d'exposer la vie des paysans des départements du Morbihan, du Finistère et des Côtes-du-Nord en insistant spécialement sur le pays gallot, c'est-à-dire la région occupée jadis de préférence par les colons gallo-romains. Cette région s'étend de l'embouchure de la Vilaine à la commune de Rohan.

Les Armoricains passent, tantôt pour les héros

I. La population des cinq départements bretons atteint presque 3.3000.000. Il faudrait retrancher de ce total les treize cent mille habitants de la Bretagne modernisée, Loire-Inférieure et Ille-et-Vilaine.

de la fidélité traditionnelle, et, plus généralement, dans les milieux ouvriers de Paris, pour les derniers des Français. Un manœuvre est-il lent à l'ouvrage, illettré, obtus, c'est un Breton ! Sur les chantiers l'expression : « espèce de Breton » l'a emporté sur le qualificatif d'auvergnat !

A la vérité ce peuple immobilisé a conservé ses vieilles mœurs. Ce n'est pas toujours un crime. La pauvreté du sol granitique l'a gardé de toutes les innovations et de tous les contacts. Des journaliers morbihannais ne sont pas montés en wagon. Autour de Josselin des fermiers ne connaissent pas leur chef-lieu, Vannes. Dans les villages situés sur les monts d'Arrhée, on rencontre des vieillards qui n'ont jamais contemplé une locomotive. Ils ignorent que nous sommes en République et croient la Bretagne complètement entourée par la mer. Voici deux ans, un officier en garnison à Paris interrogea les recrues de la Basse-Bretagne à leur arrivée au régiment et l'ignorance de ces jeunes gens le stupéfia. La France ne représentait rien d'exact à leur esprit et, hors de leur canton, le monde s'obscurcissait.

Les Bretons de l'intérieur, sans communications avec les villes, continuent à vivre retournés vers le passé. Nous voudrions faire saisir tout ce qu'il y a d'éternité chez ces habitants du sol le plus vieux d'Europe, puisqu'il émergea le premier des eaux.

Exister sur cette terre antique communique sa vieillesse jusqu'aux petits enfants. Lorsqu'on les croise dans les champs, ils vous regardent avec des yeux couleur de leur ciel pâle où il y a déjà du souvenir.

***

Lorsque vers 1850 le service de la voirie inaugura en Bretagne le réseau des routes actuelles et que les chemins ferrés commencèrent à s'avancer le long du littoral, le centre montagneux de l'Armorique n'eut pas la chance d'être desservi par les nouveaux moyens de transport, et ses bourgades moyenâgeuses furent condamnées à la lente décrépitude. Isolement, misère du sol incultivable sur un tiers de sa superficie, attachement aux coutumes, routine des laboureurs endormis sur des araires antiques dont le soc était encore en bois de chêne, voici les causes auxquelles nous devons la conservation de la race la plus opiniâtrée dans ses traditions et sa liberté, — car, insistons sur ce phénomène, le paysan armoricain a toujours lutté pour sa liberté. C'est un indépendant. Le duc de Chaulnes pouvait pendre les Bretons à la douzaine, les survivants continuaient à refuser les impôts et tenaient tête à leurs gentilshommes et à leurs recteurs. Au xviiie siècle, nos cahiers paroissiaux sont remplis des procès entre le « Général », assemblée des notables villageois, et leurs prêtres ou seigneurs. Nos campagnards ont toujours entendu vivre sur un pied d'égalité avec leurs propriétaires. Lorsque leur recteur les importune, en 1729, les habitants de Lantiern, quoique bons catholiques, prennent le parti d'enterrer eux-mêmes leurs morts, sans aucune cérémonie religieuse, et se privent de la messe. Quant aux vassaux du Sire de la Motte, à Arzal, ils traînent leur seigneur devant les tribunaux, lui contestent la jouissance de sa chapelle et mettent devant son siège, à l'église, un énorme banc qui l'empêche de voir l'officiant. Ces faits significatifs prouvent que les droits féodaux étaient tombés en désuétude. Ils n'ont d'ailleurs jamais eu leur plein effet sur un peuple frondeur, ennemi des gabelles et des signes honorifiques. Aussi bien, les gentilshommes bretons pauvres et simples d'allures ont presque toujours vécu familièrement avec leurs cultivateurs. N'allaient-ils pas jusqu'à tenir les mancherons de leurs charrues en leur compagnie ? Nous trouverons peut-être là la vraie cause de la chouannerie au moment de la Révolution. Les paysans ont défendu leurs gentilshommes parce qu'ils les considéraient comme des frères aînés et de bons conseillers.

Le noble se trouvait le chef de la façon la plus naturelle. C'est à lui ou à ses ancêtres que revenait le mérite de la création du bourg. Ce paysan guerrier (il n'était pas autre chose à l'origine) bâtissait une maison. Il prenait ses aises sur un sol sans autre propriétaire que le grand seigneur du Comté, satisfait de voir l'un de ses vassaux concourir au défrichement d'une partie de son domaine. Successivement, les descendants de ce premier occupant, suivant l'état de leurs affaires, construisaient des dépendances et faisaient sculpter leurs armes sur les linteaux des portes. Plus tard, les domestiques attachés à leur maison élevaient autour d'eux des chaumières, acquéraient des champs et constituaient des fermes. Les artisans indispensables, menuisiers et forgerons, venaient grossir ce hameau primitif avec leurs ateliers. C'est ainsi que nos villages se sont créés. Encore aujourd'hui, au milieu des chaumières on trouve ce que les paysans nomment « la maison de noblesse », c'est-à-dire celle du premier occupant ; et, de même qu'elle est le berceau d'une famille d'élection, elle reste le centre historique du bourg.

Ces constructions du XVe siècle, oubliées dans nos campagnes comme des arches qu'auraient déposées un déluge ancien, perpétuent à nos yeux la tradition bretonne. Elles sont vraiment les reliquaires du passé. Transformées en fermes, ces gentilshommières jouent un rôle prépondérant dans la vie des Bretons demeurés, dans leur esprit et leur cœur, les hôtes des anciens temps. C'est ainsi que les siècles révolus se perpétuent en eux, dans ces logis disposés pour l'existence sommaire de l'époque gothique.

Le premier indice de la prospérité d'un pays, c'est la bonne tenue des villages et l'aspect cossu ou simplement propre des maisons neuves. Les provinces encombrées de vieux logis déclarent ainsi leur pauvreté. Paris se renouvelle à chaque siècle ; les cités armoricaines conservent des logis branlants et pourris qu'elles ne pourraient reconstruire. Dans les campagnes du Morbihan, on peut affirmer que la ferme moderne est l'exception. Trois cent mille paysans, au moins, habitent encore des bâtiments de l'âge gothique ou de la Renaissance. Les meilleures de nos métairies datent de Louis XIV. Les villages antiques composés de ces maisons s'annoncent presque toujours par des chemins creux bordés de chênes têtards plantés sur les talus de terre rapportée. Des ornières profondes et jamais comblées se creusent sous le passage des chars-à-bœufs, seuls équipages possibles dans ces voies rocheuses qui forment récifs quand les eaux emportent l'argile. Lorsqu'on approche du hameau, le sol devient spongieux. Un lit d'ajoncs est étendu tout au long de l'unique rue, afin d'éviter l'enlizement. Le passage des troupeaux et des roues brisera les piquants. Ensuite cette lande pilée servira de litière dans les étables ou sera superposée aux tas de fumier placés à gauche de la porte, ce qui oblige les habitants à traverser une mare de purin pour rentrer chez eux. L'hiver, des ponts de fagots, établis devant les seuils, permettent de passer sans enfoncer dans ces eaux.

Extérieurement, le logis se présente sous l'aspect d'une longue bâtisse d'assez fière mine composée d'un rez-de-chaussée en granit appareillé et d'un grenier sur lequel vient festonner un chaume roussi et lourd d'humidité. Une porte cintrée en pierre moulurée et deux ou trois petites fenêtres grillées, d'un pied de haut, creusées dans un mur de soixante à quatre-vingt centimètres, voudraient éclairer ce bâtiment de quinze à vingt mètres. Aussi, afin de ne pas vivre dans l'obscurité, la porte doit-elle demeurer ouverte. Les pignons élevés donnent une pente roide aux toitures et sont terminés par de larges cheminées. L'âge a patiné ces constructions et l'or et l'argent des lichens s'y marient. L'aspect pictural présenté par ces hameaux ravit d'ordinaire les artistes. Pas une pierre, pas un morceau de bois neufs, pas un signe du temps présent ne viennent modifier ces paysages du xvie siècle. A l'extrémité du village un if énorme dépasse la chapelle ruinée de l'ancienne trêve, et si l'on fouillait le sol, au pied de cet arbre, on trouverait les ossements d'un cimetière disparu.

… Le seuil d'une de ces métairies enjambé, l'on se trouve dans une pièce unique qu'on nomme : la salle. Une auge creusée comme un esquif antique dans un tronc de chêne, et qui s'appelle, suivant le patois : la nouë ou nef, sépare la pièce.

D'un côté les animaux : vaches, bœufs, porcs, moutons, volailles, sont parqués. De l'autre côté les lits-clos à la mode bretonne et les armoires sont dressés parallèlement à une table-huche et à ses bancs.

Une *pille*, c'est-à-dire un billot creusé en bassin, est placée auprès de la nouë. Le métayer y écrase les légumineuses qu'il donnera en pâture à ses bovidés. Les bottes, les sabots, les hardes usagées côtoient la huche chargée de lait et la baratte. Suspendus aux solives enfumées par l'énorme cheminée qui tient l'extrémité de la salle, des quartiers de lard avoisinent les hoyaux souillés de fumier. L'usage veut qu'on accole jusqu'à trois et quatre armoires et autant de lits à la file. A midi, quand les paysans attablés réparent leurs forces, les bœufs, face à face avec leurs maîtres, mangent dans l'auge. En arrière, moutons, porcs ou poulets broient, lappent et picorent. C'est la crèche dans tout son archaïsme. C'est un tableau de vie pastorale qui, dépassant l'époque médiévale, remonte à l'humanité primitive. Examinées à ce point de vue, ces fermes en acquièrent une noblesse réelle et l'on oublie quelques instants les progrès accomplis pour songer que ces Bretons rééditent, inconsciemment, les scènes des premiers cultivateurs du monde.

Presque toutes les métairies morbihannaises offrent ces représentations de l'arche de Noé, car les espèces vivantes et germantes sont enfermées sous leur toiture de chaume.

Dans un certain nombre de fermes une cloison sépare l'étable de la salle. Parfois des trous circulaires, pratiqués dans cette palissade, permettent aux bœufs de voisiner avec leurs maîtres. Le laboureur gallot voit plusieurs avantages à cette promiscuité, et le plus certain, c'est le chauffage économique produit par la chaleur de ces animaux, pendant l'hiver. Aucun carrelage ne recouvre la terre battue et fortement bosselée de la pièce.

L'usage persiste, depuis des siècles, lorsqu'on

construit une métairie, de faire bénir *le milieu de la place* par un prêtre. Le recteur asperge d'eau bénite le centre de la maison. Aussitôt après son départ, le propriétaire du logis gratte cette terre consacrée et il en remplit un sachet. Elle porte bonheur et guérit les maladies. Cette opération creuse déjà une petite cuvette sur l'aire plane. Bientôt les eaux ménagères, le lait ou les pluies filtrent dans la pièce et, chaque fois que la fermière balaie, elle enlève un peu d'argile, si bien qu'au bout de vingt ans le sol de la salle vallonne et des eaux croupissent aux pieds des buffets.

Devant chaque lit-clos ou demi-clos, un coffre sert tout à la fois d'escalier pour accéder à la couche élevée et de caisse à linge. Les lits-clos, ces sortes d'armoire à sommeil dont les paysans ramènent les glissières derrière eux une fois qu'ils ont atteint leur matelas, répondent à une nécessité. La pudeur a dû inventer ces meubles qui forment des sortes de cellules et permettent aux huit ou dix hommes, femmes et enfants logés dans une salle unique de se déshabiller et de dormir à l'abri des regards indiscrets. L'aération se fait à travers les roues ou les rangées de fuseaux décorant les gracieuses façades de ces lits.

Dans les métairies très habitées, il a fallu s'ingénier pour coucher tous les parents et domestiques dans la seule pièce disponible. Les Bretons ont résolu ce problème au moyen des lits-clos à double et triple étage à la manière des couchettes dans les navires.

La coutume veut qu'on réserve entre les armoires et le mur un passage nommé « ruelle aux charniers ». Le maître du logis y dépose les jarres chargées de porc salé, seule viande consommée par les habitants.

Ce genre d'intérieur se trouve reproduit en plusieurs modèles dans les campagnes bretonnes. Les fermes moyennes comportent généralement des salles de douze à dix-huit mètres sur cinq à six mètres de large. Elles renferment avec leurs habitants une trentaine de bovidés. Les petites métairies, longues de huit à dix mètres, sont parfois partagées par les armoires, qu'on adosse à la tête des vaches. Les meubles acculés à la litière forment une sorte de cloison transversale. A droite c'est la chambre ; à gauche, l'écurie. Cette disposition présente des inconvénients, ainsi que nous le confiait le vieux métayer Caro.

Lorsque les vaches « mouchent » l'été, il leur arrive d'envoyer d'un coup de corne les armoires sur la tête de leurs maîtres.

— Mais, affirme Caro, le crâne des gallots est plus dur que le chêne, car la corniche s'est brisée sur mon front.

La nuit venue, des chandelles de résine, pincées dans des chandeliers à ressort ou simplement posées dans de vieux sabots suspendus par le talon, éclairent misérablement ces salles.

Jusqu'à ces dernières années, une ferme bretonne était un microcosme. Les fermiers se suffisaient à eux-mêmes. Ils devaient tout à leur industrie. Leur mobilier était fabriqué à domicile par des menuisiers salariés à la journée. Les étoffes de lin ou de laine dont ils se vêtent : culottes de « réparon », jupes de toile, draps de pillot et de plataine, étaient filés puis fabriqués sur place. Licous et chapeaux tressés l'hiver au coin de l'âtre, échelles façonnées au couteau, fléaux pour dépiquer, outils aratoires, fourches, rateaux, étaient construits par les valets ou les fils de la maison. Fileurs, tisseurs, menuisiers, maçons à l'occasion, laboureurs et éleveurs produisant du lin, le chanvre, la laine, les céréales et les viandes, si, par aventure un cataclysme céleste avait enlevé une métairie bretonne avec son territoire sur une autre planète, elle eût pu continuer à vivre sans changement.

Les fermes bretonnes de vingt à trente hectares et d'une location de huit cents à quatorze cents francs, suivant la valeur du sol, sont cultivées par un personnel peu nombreux ; aussi n'y connait-on que la culture extensive.

Généralement le fermier, aidé par sa femme et ses enfants, doit encore gager un grand valet pour le labour, une chambrière à l'usage de la basse-cour et de la laiterie, et un patour. L'homme gagnera deux cents francs, la servante la moitié, et le gardeur de moutons sa nourriture, ses hardes et deux paires de sabots à la saint Jean.

Pendant les moissons, le fermier devra embaucher des journaliers supplémentaires.

La nourriture des maîtres et des serviteurs est identique dans sa monotonie et sa grossièreté : gigourdène, sorte de laitage au pain, galette et bouillie de sarrasin et, une fois le jour, une soupe aux légumes *engraissée* d'un peu de lard. Comme boisson, du cidre, ou de l'eau, les années sans pommes. Après le repas de midi, le fermier doit accorder le droit de « mariénée » à ses valets, c'est-à-dire la sieste dans les meules, l'été ; sur la paille de l'étable, l'hiver. Ces domestiques à longs sommeils besognent mollement.

Des expériences entreprises par un ingénieur morbihannais sur les trois cents paysans de son exploitation lui ont prouvé qu'on pouvait améliorer le rendement de la main-d'œuvre de ces ouvriers et leur donner une activité au travail comparable à celle des habitants de l'Ille-de-France en modifiant leur régime alimentaire. De la viande de bœuf aux repas, moins de légumineux, moins de cidre et un peu de vin transformeraient ces hommes. La raison de leur lourdeur intellectuelle et physique, nous la trouverons dans les épaisses bouillies d'une digestion difficile.

La race se transformerait elle-même par une nourriture plus rationnelle.

Lorsqu'on traverse les immenses landes qui couvrent encore la Bretagne de l'intérieur pendant des lieues, à peine coupées par des métairies installées dans les vallées, on est frappé de la ressemblance évidente entre les hommes, le sol et les animaux. Osseux, maigres, le front rocheux, les membres en branches sèches, nos paysans ont emprunté aux landiers leur air rêche. De poids léger et de petite stature comme leurs bœufs de race pie, les Bretons, peu pressés comme leurs équipages, sont d'une endurance remarquable.

... Plus encore que les villages, les chaumières répandues au bord des routes et jusque sur les genétraies et dans les bois, contribuent à caractériser la Bretagne. Elles donnent à ce pays son cachet de pittoresque. Des journaliers occupent ces maisonnettes de granit tapies sous leur chaume trop long qui semble une toison de bête. Sous le rebord de la toiture on aperçoit un carrelet qui luit comme un œil. La porte ronde, très basse, ouvre perpétuellement au ras de l'herbe sa bouche affamée. Et ce sont là, en effet, les masures de la faim. Elles se composent d'une petite pièce en contre-bas de la chaussée. Chez les moins malheureux de ces tâcherons un appentis accolé au pignon protège une vache et un porc. La vache pâturera, par charité, sur le digois des champs. Ce vieil et charmant usage breton voulait qu'on réservât aux pauvres une bande de sol herbeux, le digois, tout autour des guérets destinés aux ensemencéments, afin que la vache de la veuve ou du nécessiteux pût y trouver gratuitement sa nourriture. Nous entrons ici au pays de la misère. Elle est grande en Armorique chez des journaliers rarement payés plus de 1 fr. 50 l'été et 1 franc l'hiver. Les dimanches et les jours de chômage retranchés, il n'est pas exagéré d'affirmer que des milliers d'ouvriers ruraux ne gagnent guère plus de trois à quatre cents francs par an. Avec cette petite somme le père, la mère et trois à quatre enfants doivent vivre. La moyenne de leur budget ne leur permet pas de dépenser plus de quinze centimes par personne. Dans certains hameaux, situés au centre du Morbihan, les gens souffrent toujours de la famine. Nous entendons par là qu'ils s'alimentent avec dix centimes par jour et qu'il leur est impossible dans ces conditions de réparer leurs pertes.

Ces observations portent sur un ensemble de plusieurs années et sur un rayon d'au moins vingt lieues de pays.

Le chef de famille, père de trois enfants, touche 1 fr. 25 par jour[1]. Tant qu'un bébé est nourri par sa mère, il estime qu'il ne lui coûte rien. La mère fatiguée n'adoptera l'élevage au biberon qu'à la dernière extrémité, car ce mode d'alimentation représente une certaine dépense. Il consomme le lait de la vache avec lequel elle fabrique un beurre qu'elle vend si bien au marché. Lorsqu'elle est réduite à cette extrémité, la paysanne verse le lait dans la *craule*, biberon en terre cuite imitant une petite lampe à huile des catacombes ou une gargoulette. La mère enveloppe le bec de la *craule* avec un chiffon qui joint le double avantage de filtrer

1. En 1911 le salaire moyen dans le Morbihan s'éleva à 1 fr. 50.

le lait et de l'empêcher de couler trop rapidement dans la gorge du bébé. Afin de se libérer de son nourrisson et pouvoir s'occuper de son ménage ou cultiver son courtil, la maman le dépose dans un *ber*, sorte d'auge qui pourrait flotter et porter un nouveau Moïse. Jusqu'au sevrage, l'enfant nourri au biberon coûte quinze centimes par jour à ses parents. A trois ans, le petit paysan mange comme eux, et le prix de revient de ses aliments ne dépasse pas plus de dix centimes.

En pays gallot, une évaluation aussi exacte que possible porte les gains réunis du père et de la mère à deux francs par jour (moyenne de l'année) et les dépenses d'une famille de cinq personnes s'établissent ainsi :

Nourriture et boisson (cidre ou piquette de miel) du père et de la mère...............	0 50
Alimentation de trois enfants...........	0 30
Part quotidienne d'un loyer à 36 francs par an...................................	0 10
Achat de vêtements, sabots et linge des parents.................................	0 30
Entretien des enfants au moyen d'habillements usagés et achat des sabots...........	0 20
Luminaire, amortissement des outils, dépenses imprévues, maladies	0 20
Son pour l'élevage du porc qui nourrira la famille................................	0 10
TOTAL....................	1 75

Il restera donc 0 fr. 25 par jour pour le confortable, le feu l'hiver, le tabac, le vin, le mobilier.

C'est ici le budget d'un ouvrier sérieux, mais combien rationnent leur nourriture afin de consacrer plus d'argent à l'auberge. Des paysannes misérables obligent leurs enfants à se contenter de cidre, de fruits verts, de galettes et d'épaisses bouillies. Des bébés d'un à deux ans sont soumis à ce régime, aussi l'entérite existe-t-elle à l'état endémique. Des mères laissent mourir leurs enfants de cholérine plutôt que de changer un régime reconnu néfaste. Aussi surprenant que paraisse le fait, dans le Morbihan et même chez les fermiers relativement aisés, les fromages blancs, les caillebottes et les divers laitages paraissent un dessert inestimable à de pauvres gamins connaissant surtout le goût du lait bleu, c'est-à-dire du liquide resté dans les barattes après la fabrication du beurre.

Depuis que le froment, à peine cultivé dans le centre de la Bretagne il y a trente ans, se substitue de plus en plus au seigle et au sarrasin, le pain de méteil tend à disparaître. Il faut avoir vu les yeux des enfants briller devant les miches rousses et vernies de la farine de blé à la sortie du four campagnard placé derrière le pignon, il faut avoir vu le respect religieux avec lequel le père aligne sur les étagères pendues aux solives les huit ou dix tourtes de douze livres qu'il vient de cuire, pour apprécier à sa valeur cet aliment fondamental et comprendre la signification solennelle de : gagner son pain. Là, vraiment, chez ses pauvres journaliers, le pain est roi. Il est en somme le résultat de tout leur effort agraire, et on le vénère comme un Dieu difficile à atteindre.

Afin d'économiser sur la fabrication du boulanger, le paysan achète au marché le seigle ou le froment par poches de cent vingt livres et porte son grain au moulin à vent. Il lui reste environ 80 livres de farine, déduction faite de la part prise par le meunier comme paiement de son travail. Il pétrit lui-même son pain et abaisse son prix de revient à huit ou neuf centimes la livre. Un calcul lui a prouvé que la « gigourdène », panade du matin, ne doit pas coûter plus de deux centimes ; le grand déjeuner quatre centimes et la soupe du soir autant.

Les jours où l'on mange un morceau de porc, la limite permise est dépassée, mais la famille économise les jours suivants. La viande, c'est l'avoine des hommes, assurent les journaliers qui ne connaissent pas assez le goût de ce picotin nécessaire.

... Un fermier compte pour son habillement une cinquantaine de francs par an.

Son chapeau de feutre et son chapeau de paille sont évalués à 5 francs. Une chemise de toile neuve, un pantalon et une veste de drap coûtent 30 francs. Six paires de sabots ne dépassent point 5 fr. 40. Une paire de souliers atteint 2 francs.

Un père de famille, chez les journaliers pauvres, estime que le vêtement de ses enfants ne doit presque rien lui coûter. Les jeunes gens usent les hardes de leurs parents, et il est bien rare en effet qu'on trouve sur eux un morceau d'étoffe neuve.

L'été, les garçons portent des culottes à pont. Les écoliers ont vite fait d'arracher le bouton de chaque côté qu'ils remplacent par des chevilles de bois attachées avec de la ficelle. Leurs bas sont tricotés par la mère avec la laine provenant d'une toison achetée trois francs en moyenne. Les sabots de hêtre valent dix sous, et lorsqu'ils ont éclaté, on les garnit de cercles de fer blanc. La gibecière de l'écolier est taillée dans un vieux cotillon de chanvre ou bien le père la menuise avec cinq planchettes de sapin et fixe une cordelette en guise de bandoulière.

Le trousseau d'un fils de journalier est simplifié à l'extrême. Il se compose, en général, de trois chemises, deux longues en rude toile que l'enfant revêt alternativement de semaine en semaine, et une chemise de ceinture plus fine. Cette dernière lingerie ne dépasse pas la taille. Souvent fabriquée en lin, elle est un objet de parade qu'on passe par-dessus la grosse chemise bise afin de faire valoir la cravate taillée dans un débris de foulard. On ignore les mouchoirs. Les six paires de bas, les chaussons et les deux vêtements de toile et de drap sont portés jusqu'à complète usure. Dans ces conditions la toilette d'un garçon ne coûte guère plus de dix francs par an. Les dépenses diffèrent un peu chez les fillettes. Elles couvrent leurs têtes avec des bonnets en imitation de guipure d'une valeur de quarante centimes. Une guimpe blanche de même prix égaie le dimanche leur costume un peu vieillot, car il réédite en diminution celui de la mère. Cet habillement se compose d'une robe et d'un tablier à corselet qui la recouvre presque entièrement. La jupe doit être longue et s'étaler très roide. La robe du dimanche est garnie de velours aux manches et aux entournures suivant les paroisses. Dans les familles pauvres le drap est remplacé par un lainage léger à fleurettes. Le tablier de cotonnade vert pré ou violet d'évêque fait un amusant contraste avec l'indigo de la robe. L'on peut évaluer à 3 francs la robe et 1 fr. 50 le tablier d'une fillette de six à huit ans. Ces robes se replient en un ourlet très haut qui permet à l'enfant de la porter plusieurs années et de grandir.

Ce qu'il convient de remarquer sous les apparences de ce pittoresque, c'est la misère de la race et la mortalité des enfants. La phtisie décime le pays gallot et le nombre des réformés au conseil de révision dépasse celui des autres départements français. Au moins 10 % des enfants portent des lésions tuberculeuses. Vers l'âge de vingt à vingt-cinq ans, c'est-à-dire au moment où le paysan peut produire beaucoup, les moribonds sont nombreux dans les fermes et les chaumières qu'ils contaminent.

Insuffisamment nourris, les jeunes Bretons ne se développent pas normalement, puis, l'alcoolisme aidant, les médecins constatent l'abaissement de la taille en même temps qu'une diminution du périmètre thoracique. Dans le Morbihan on trouve des gnomes, paysans à statures enfantines et membres débiles.

« Comment les enfants des couturières, par exemple, pourraient-ils s'alimenter à leur appétit ?

Bien souvent l'on trouve installés dans les courtils, derrière les maisons, des groupes d'ouvrières appelées par les fermières. Une fois l'an, seulement, on taille les nouveaux vêtements et l'on reprise les vieilles nippes.

L'existence de ces *cousouses*, couturières, ne manque pas quelquefois d'héroïsme. Voici le cas d'une de ces journalières.

Louise Leroch gagne huit sous par jour, prix moyen dans la contrée. L'été elle commence sa journée à six heures du matin et travaille jusqu'à la nuit. L'hiver sa journée est commandée par la lumière diurne. A ses côtés besognent : sa fille, âgée de seize ans, qui touche six sous ; sa nièce, payée neuf sous par semaine, après deux ans d'apprentissage, et son jeune garçon. Celui-ci gagne sa nourriture, car c'est un « gars de la Saint-Jean », c'est-à-dire un débutant depuis le mois de juin. Louise Leroch nous raconte sa vie. Son mari avait *brouillé* (était devenu fou). Restée seule avec deux enfants, elle avait débuté à l'âge de trente ans comme couturière à quatre sous par jour. Comme elle gelait à rester immobile sur la terre, tout le jour, elle posait ses enfants sur chacun de ses pieds. Ce fut l'époque pénible. Ne même gagner deux centimes par tête, quelle misère ! Des paysans pitoyables lui faisaient de petits dons, sans cela elle serait morte de privations. Maintenant, elle atteint le plus haut salaire des ouvrières de sa sorte, huit sous et la nourriture.

Cependant, Louise Leroch avait rêvé d'économiser assez pour acquérir une machine à coudre. Ensuite c'eût été l'aisance. Un courtier lui offrait de payer à l'abonnement. Comme elle est honnête, elle refusa. Elle savait qu'elle ne pourrait pas s'acquitter. Il lui faudra renoncer à sortir de la misère. Cependant, Louise ne réclame pas trop fort et un espoir la soutient. Aussitôt ses enfants grandis, ils iront se gager à Rennes ou à Paris.

De pareils exemples expliquent l'exode des campagnards vers la ville. La surpopulation du pays breton oblige à l'émigration. Son important excédent annuel de naissances vaut au Finistère la première place en France. Il est d'ailleurs suivi de près par le Morbihan et les Côtes-du-Nord. Mais, fait intéressant, depuis cent cinquante années, des communes morbihannaises maintiennent à quelques unités près leur chiffre d'habitants.

Seule une élévation des salaires, par suite d'un meilleur rendement des terres cultivées intensivement, pourrait retenir au village une jeunesse plus nombreuse et lui permettre de vivre heureuse.

L'éducation professionnelle manque d'ailleurs complètement en Bretagne. Le pays gallot ne compte pas une ferme modèle.

L'on ne peut accuser l'instruction primaire d'être

insuffisante ; le nouveau programme de ses études convient aux besoins des paysans, malheureusement, l'utilité de l'instruction n'est pas encore entrée dans le cerveau des campagnards. Aussi quoique les parents se conforment, plutôt mal que bien, aux exigences de la loi, le résultat déconcerte. A douze ans, les enfants sortis de l'école ne travaillent plus et ne tardent pas à oublier ce qu'ils avaient appris. A vingt ans, beaucoup ne savent plus écrire et épèlent difficilement. Presque tous sont incapables du moindre exercice de calcul. Cependant, le bien-être dans les campagnes paraît proportionnel à l'éducation des habitants. On pourrait établir des cartes où l'on verrait des sortes d'ilots favorisés. Des communes comme celles de Saint-Jean-Brevelay, de Neuillac, de Noyal-Pontivy paraissent privilégiées dans les comices agricoles. Leurs produits supérieurs obtiennent les prix. Leur aisance concorde avec le nombre de brevets élémentaires ou supérieurs obtenus par les écoliers de ces bourgs. Mieux encore, on y trouve des fils de paysans bacheliers et demeurés vaillamment attachés à leur propriété dont ils modernisent l'outillage.

Le maraîchage, l'horticulture ou l'élevage enrichiraient la Bretagne, mais il faudrait des paysans instruits et capables de lire afin de ne pas sombrer dans la routine.

... Si nous retournons en arrière, il faut se rappeler qu'en 1850 les ouvriers ruraux, uniformément illettrés, touchaient quarante centimes par jour.

Vers la même époque, la culture de la pomme de terre n'était pas même généralisée dans le pays gallot.

... Nos campagnes primitives engendrent leurs héros obscurs. Ces paysans portent les qualités de la race à son point extrême et leur exemple, souvent poignant dans son humilité, mérite d'être signalé.

Ainsi cette vie énergique de Marie Le Serre, une journalière de Sainte-Anne-de-Buléon.

Dès l'âge de vingt ans, Marie avait prévu le destin réservé aux domestiques de sa sorte, quand ils prennent de l'âge. Comme elle ne voulait pas devenir une *chercheuse de pain*, son but exclusif avait été de s'assurer une vieillesse honorable. Et quelle est la suprême ambition d'une honnête travailleuse ? Arriver à la propriété de son toit. Gagée dans une ferme comme « chambrière » à 80 francs par an, trois paires de sabots, un justin de futaine, deux jupes de toile et la laine de ses bas, Marie put mettre de côté 10 francs à chaque Saint-Jean. Comme elle n'imaginait pas le fonctionnement d'une caisse d'épargne et qu'elle avait la défiance du notaire, elle empilait ses écus dans une « bougette » de toile. A quarante-cinq ans, une journalière peu nourrie et harassée par un labeur sans relâche sent les atteintes de la sénilité. Marie estima d'ailleurs qu'elle avait assez amassé d'argent pour se retirer du service et vivre en travaillant chez elle. Elle avait économisé deux cents francs en vingt ans. Elle acheta dans la commune de Buléon, pour la somme de 11 francs, six ares huit centiares de terrain en bordure d'une chemin vicinal à proximité d'une carrière de schiste. Grâce à cette circonstance, elle put obtenir pour une vingtaine de francs un tas de pierres manquées, éclatées ou mal taillées. Elle les soulevait, une à une dans ses bras, et les portait sur son sein comme des enfants. Arrivée sur son terrain, elle les déposait. Cette besogne dura plusieurs semaines. Ensuite elle fit marché avec deux ouvriers qui voulurent bien entreprendre la maçonnerie à façon contre une somme de 65 francs. Un charpentier, bon garçon, tailla les chevrons et une petite fenêtre pour 16 francs. Le menuisier de Buléon fournit la porte moyennant quelques francs. Comme la couverture menaçait de coûter fort cher, Marie Le Serre partit en campagne et, de ferme en ferme, elle glana son chaume. Elle l'apportait à la brassée. Un jour, l'ouvrier chaumier de Sainte-Anne lui dit : « Halte-là ! La meule est suffisante. Ta maison n'a que cinq mètres cinquante. Je puis la couvrir. » Auparavant, Marie avait maçonné avec les maçons afin de gagner sa journée d'apprenti et elle avait charpenté au risque de se rompre le cou. Elle avait été sa propre voiture et son cheval ; elle avait pilé la terre de la salle ; elle avait aidé à la fabrication du foyer. Maintenant elle montait la paille et les roseaux au chaumier.

Le jour où nous visitâmes la chaumine, une couturière à huit sous les douze heures taillait les rideaux du lit ; le menuisier dressait la carrée de la porte, et Marie contemplait son jardinet par sa petite fenêtre sans carreaux.

Quoique ce fût en septembre, à quatre heures, l'ombre déjà épaisse ne permettait pas de se diriger en cet intérieur et encore moins d'y travailler adroitement.

— Dame ! Que voulez-vous, monsieur, pas moyen d'agrandir la croisée et d'y poser de vitres. Je suis à bout. Voilà bientôt 180 francs dépensés pour la construction. Et je voudrais acheter un bout de potager. Il me restera vingt francs seulement pour passer mon hiver.

Cette paysanne affirmait ses comptes avec la vaillance paisible des pauvres gallots. La couturière à huit sous, assise sur le seuil, et l'aide menuisier à vingt-cinq sous considéraient Marie avec respect. Et leurs airs disaient : « Ah ! il n'y a pas beaucoup de journaliers qui aient réussi dans la vie comme cette Madame Le Serre. »

… Les ouvriers ruraux qui n'ont pu économiser doivent louer leurs maisons. Dans la commune de Pluméleo on trouve des chaumines à cinq francs par an. Souvent le pignon de ces masures est mitoyen avec la demeure voisine et le terrain sur lequel elles sont bâties est partagé entre parents. Ce revenu de cent sous appartient donc par moitié à deux propriétaires. Les *fermes* des maisons paysannes, — ainsi nomme-t-on les locations, — varient de 5 à 80 francs, suivant l'importance du courtil joint au logis.

Ouvriers ruraux ou petits fermiers sont d'ailleurs déplorablement logés. Le plâtrage des murs, des fenêtres élargies et un carrelage seraient nécessaires. Mieux encore, des centaines de ces chaumières et de ces métairies, aussi pittoresques soient-elles, mériteraient d'être abattues et remplacées. Or, les petits propriétaires Morbihannais de minces ressources ne peuvent entreprendre ces reconstructions. La menue bourgeoisie des chefs-lieux de canton estime déjà le revenu de la terre très insuffisant, 2 1/2 à 3 %. Elle manque des capitaux nécessaires et elle se contente de percevoir les loyers sur des métairies vieilles de plusieurs siècles.

Trop souvent, dans ces charmantes gentilhommières utilisées comme métairies, la pluie traverse la vénérable toiture et les menuiseries tombent en miettes. Ailleurs, les plafonds menacent ruine et les locataires sont dans l'obligation d'étayer les solives avec des poteaux. Plus loin les habitants vivent dans une nuit éternelle, sans fenêtres. La porte seule aère et éclaire. Lorsqu'il gèle on la tient close et on vit à la chandelle. Cette ombre perpétuelle engendre la demi-folie, la chlorose, la phtisie et les ophthalmies. Dans des villages comme Bréhé, Le Guer et beaucoup d'autres, les déments abondent. Des femmes croient qu'elles fabriquent toujours de la galette et leurs bras tournent perpétuellement une pâte imaginaire. Contre son foyer, un homme mime le geste de battre au fléau. Ces fantômes épouvantent. Seul le travail aux champs guérit ces malheureux d'une aliénation mentale engendrée par la stupeur et l'obscurité. Il faut voir dans la faiblesse mentale et la décrépitude physique de cette race qui fut robuste, — les départements bretons fournissent le pourcentage le plus élevé de crétins et d'infirmes aux Conseils de revision, — l'œuvre lente du croupissement dans un milieu insalubre. Si, au lieu de vivre dans une masure à peine éclairée par des meurtrières et remplies par les déjections des bêtes avec lesquelles ils vivent en promiscuité, ces campagnards habitaient des fermes ensoleillées et séparées des étables, leurs femmes auraient à cœur de tenir proprement leur ménage et les hommes secoueraient une torpeur qui conduit les plus lâches d'entre eux à l'abrutissement et au dégoût.

Malheureusement, la régénération des paysans gallots est un problème économique peu facile à résoudre. Il faudrait cinq à six mille francs pour reconstruire les bâtiments des petites fermes de sept à huit hectares, louées trois cents francs. Or, les locataires ne peuvent et ne veulent point subir une augmentation de fermage qui pourrait doubler leur terme, le propriétaire entendant obtenir 5 % sur la somme dépensée en bâtisses nouvelles. Ainsi, longtemps encore, la Bretagne conservera son caractère médiéval, et, sur ses landes dorées, ses arches de granit bleu resteront ancrées, célébrées par les artistes et maudites des hygiénistes.

*_**

Il faut attribuer partiellement à l'habitation lugubre et sale la maladie sociale la plus grave de la Bretagne, l'alcoolisme. Les Morbihannais conçoivent leur intérieur comme une nécessité sans agrément, mais l'endroit de luxe, le lieu de plaisir, c'est l'auberge. Tout devient prétexte à prendre une *bolée*. Deux amis se rencontrent-ils, ils doivent aller trinquer. Des fermiers ne peuvent débattre ou conclure un marché sans s'abreuver. Pendant un marchandage, à chaque phase de la discussion, on entre dans un débit. Trois litres divisés en quinze *bolées* sont tenus pour la moyenne mesure en pareil cas. Les fêtes sacrées : baptême, mariage, première communion, les pardons et les cérémonies de la mort, sont accompagnées de beuveries formidables. On boit à tout âge. On encourage les petits enfants de deux ans à reprendre plusieurs fois du cidre. Un gars de six ans doit savoir siffler une goutte. Il est admiré. Aux foires de Muzillac, fréquentées par des milliers d'adultes, les jeunes filles elles-mêmes se font gloire de paraître ivres.

A Josselin, des fillettes de sept ans ne partent pas pour l'école sans avoir vidé leur verre d'eau-de-vie. Les garçons de seize ans, dans le pays gallot, boivent de la *vénérette*, alcool dans lequel on a fait infuser des simples. Un pari classique, à Ploermel, c'est de boire douze *bolées* pendant les douze coups de midi sonnés à l'église Saint-Armel.

Boire *à la tapée*, dans les fermes, c'est faire circuler d'une façon ininterrompue une écuelle qu'on ne cesse de remplir de liquide, et chaque paysan attablé ne doit jamais refuser la boisson. *Le jeu de la clef* consiste à vider un tonnelet de vin ou de cidre sans s'arrêter. On enlève la clef, et le pouce du buveur en remplit l'office. Autour de lui dix à douze ivrognes doivent tendre leurs verres chaque fois que l'homme lève son pouce et que le jet de liquide s'échappe du tonneau. A tour de rôle l'un ou l'autre paysan réclame l'honneur de faire la clef et lève le doigt à chaque instant afin d'obliger ses compagnons à tendre leurs pichets et à boire à longues *goulées*. On se sépare seulement lorsque le tonnelet est vide. Ces abominables orgies durent parfois vingt-quatre heures.

Advient-il à l'un ou à l'autre des buveurs de tomber ivre-mort ? On l'enfouit dans le fumier ; la tiédeur de cette couche et les gaz ammoniacaux sauvent le misérable.

L'alcoolisme chez ces campagnards atteint un degré d'intensité effroyable.

Une femme d'Helléan meurt après une ivresse continue de six mois. Pendant les automnes riches en pommes il n'est pas rare de voir la population de villages entiers tituber pendant des semaines [1]. Lorsque les fûts sont insuffisants, on boit le cidre

---

1. Automne 1905. Presque chaque jour, il partait des chefs-lieux de canton pour les asiles d'aliénés des ivrognes, hommes ou femmes, devenus fous.

au fur et à mesure de sa fabrication, afin de n'avoir pas la douleur d'en perdre.

M. le D' D* a recueilli ces dernières paroles d'un ivre-mort, agonisant, à son cousin et héritier accouru à son chevet :

— C'est-y malheureux de mourir cette année de cidre ! Bêe (bois) ! Bêe, toi, cousin... et il trépasse.

Devenir le vivant entonnoir du tonneau des danaïdes, voilà le rêve de ces paysans.

En pays Mito [1], dans la Loire-Inférieure, il est fréquent de trouver des vignerons âgés qui ont consommé dix à douze litres de vin blanc par jour. Ces paysans sont considérés comme des gens normaux et l'on doit presque les regretter lorsqu'on constate chez les jeunes gens une diminution dans la consommation du vin au profit de l'alcool. Dans les pays à cidre, l'eau-de-vie de pomme est de plus en plus demandée.

Des faits incroyables d'ivrognerie se renouvellent quotidiennement. Un jeune homme, à Bignan, buvait vingt litres de cidre en six ou huit heures, suivant sa disposition. Alors qu'il était en apprentissage, à l'âge de dix-huit ans, son patron lui offrait un litre de cidre afin d'avoir le plaisir de lui voir avaler auparavant deux litres d'eau. Il les absorbait facilement.

Simon, un cultivateur de soixante-dix ans, ne

I. Mito, c'est-à-dire mitoyen entre la Bretagne bretonnante et la Loire-Inférieure. Cette région est limitée au Nord par la Vilaine.

peut s'endormir sans boire après sa prière — car il est fort dévot, — un litre de vin fortifié d'une tasse de cognac.

Cet état perpétuel d'ébriété développe chez certains bretons une mentalité curieuse d'héroïsme ou de rêve mystique. Les pardons, ces fêtes sacrées, se terminent dans l'ivresse générale. J.-K. Huysmans, s'entretenant avec nous de la piété armoricaine avait d'abord été édifié par les prosternations des Finistériens devant les autels. A mieux regarder il s'était aperçu que ces balancements provenaient tout autant de leur état physiologique que de leur dévotion.

Les yeux et l'estomac noyés, le Breton prie cependant avec une candeur et une ferveur certaines. Le vieux Simon, lorsqu'il ajoute trop d'eau-de-vie à son « vin de prière », ainsi le qualifie-t-il, fait des songes merveilleux. Aussi lui est-il arrivé deux fois de se réveiller à l'aube, tellement plein du désir de sauver la France, qu'il ameutait ses voisins, les obligeait à s'armer, et, lorsqu'ils avaient encore bu un tonneau de vin défoncé sur un pré, ils partaient sur la grande route, pour Paris, aux cris de : Vive l'Empereur ! Ils voulaient jeter bas la République. Un gendarme suffisait à calmer cette exaltation alcoolique.

Dans un bourg de l'Ille-et-Vilaine, la population entière s'enivre au moins une fois par semaine, et le maire de la localité estimait que sa femme était la seule personne à ne pas consommer du tafia. Aux environs de Rennes, les paysannes font chauffer du cidre qu'elles additionnent de mauvais rhum. Ce mélange emporte aussitôt la raison.

Ce fléau des campagnes bretonnes, l'alcoolisme, est le corollaire de la pauvreté des logis et de l'insuffisance des salaires. Ajoutons-y une autre cause prépondérante, l'ennui. Toutes les mesures répressives : amendes, prison, diminution des cabarets et même la monopolisation de l'alcool, rien n'empêchera l'ivrognerie de ces pauvres gens. Il faut savoir les distraire. Il faut combattre l'hébétude des dimanches villageois. Illettrés en grande majorité, car leurs enfants échappent dans une proportion notable à la loi sur l'instruction obligatoire, il conviendrait de les élever intellectuellement et de les amener à jouir de la vie de l'esprit alors qu'ils ne possèdent encore que la jouissance de leurs corps, et combien émoussée !

Il faut avoir vu les gallots, les jours fériés, dans leurs hameaux, pour comprendre la morne tristesse de leur inaction. Affalés sur leurs seuils, ils évoquent des bêtes de somme dételées qui stationnent stupidement en attendant de reprendre leur collier de misère. L'été, pendant la durée de battages, comme nous apercevions des jeunes gens ployés sur les clayons de la cour, les bras pendants, inertes, le fermier qui nous accompagnait nous dit seulement : « Ils sont encore fatigués d'hier ». Vers le soir, ces éternels « fatigués d'hier » iront demander à l'auberge le tonique qui les redressera, leur donnera de la voix et une apparence de gaîté.

Il n'est d'autres remèdes à l'intempérance des Bretons que l'amélioration des logis, l'instruction développée leur permettant la lecture, et la création de fêtes et de jeux villageois. Est-il légitime que les citadins jouissent seuls des privilèges de la civilisation ?

Les touristes qui visitent la Bretagne sont frappés par le nombre des mendiants, très souvent dignes du crayon d'un Callot, avec leurs coiffures de laine à larges bords, leurs gilets jadis bleu de roi et devenus verdâtres, leurs culottes de toile bise, ou, quelquefois, chez les plus âgés, leurs longues chevelures bouclées, leurs braies gauloises ceinturonnées de cuivre et leurs guêtres.

Les causes profondes de cette plaie armoricaine ne permettent pas, malheureusement, de voir se tarir bientôt le recrutement de ces indigents. Les journaliers agricoles ne touchant guère plus de quatre cents francs par an, les ouvriers villageois, menuisiers et maréchaux, cinq à sept cents, et les petits métayers vivant au jour le jour ; cette population ne peut économiser. Aussi, lorsque l'âge affaiblit leurs bras, ou bien ils tombent à la charge de leurs enfants, pauvres eux-mêmes, ou bien ils doivent mendier. Plus souvent ils végètent, à moitié entretenus par leurs fils et aidés par les quêtes qu'ils entreprennent une fois par semaine. L'égoïsme des enfants excusables dans une certaine mesure, force leurs parents à courir les seuils des riches. Seuls les fermiers et métayers qui se succèdent pendant des générations sur la propriété qu'ils ont louée, entretiennent leurs pères et mères avec un respect qui ne manque pas de grandeur. Les tâcherons âgés deviennent donc forcément des mendiants puisque le travail de leur vie ne leur a pas permis d'amasser le millier de francs indispensable à leur vieillesse. Les maires des communes rurales connaissent le mal et savent combien le sort de ces indigents est immérité. La plupart de ces pauvres diables tombés à la charité publique se bornent à explorer le territoire de leur canton. Ils reviennent à intervalles réguliers dans les mêmes maisons où ils sont généralement bien reçus. Ces honnêtes mendiants se présentent rarement dans les fêtes et les pardons bretons. Seuls, les professionnels hantent ces vastes assemblées.

Jusqu'ici aucune caisse rurale et aucune retraite comme chez les marins ne secourent les journaliers à leur déclin. L'état d'esprit de ces indigents armoricains mérite d'être exposé. Sages, rangés, peu bruyants, ils ne récriminent pas contre leur sort, qu'ils estiment presque plus avantageux que leur ancienne condition. Aussi trouvent-ils naturel d'avoir le droit de mendier comme récompense de leurs quarante ou cinquante années de travail. Leur état de mendicité n'engendre chez eux aucun sentiment d'humilité. Ils disent d'ailleurs : Nous alllons quêter, et ils se présentent hardiment aux portes. Chaque famille de cultivateurs aisés donne son pain ou ses légumes à son pauvre attitré. Très souvent celui-ci a travaillé comme domestique sur la propriété.

Le chercheur de pain occupe une fonction dans la société rurale.

Un vieillard en tournée vous dira :

— Je vais toucher mes fermes, c'est-à-dire recevoir les sous qu'on a coutume de me donner chaque semaine dans certaines maisons.

Il s'estime satisfait lorsqu'il ne meurt pas de faim et qu'il peut fumer une *pipée* de temps à autre. Ces vieillards nomment « leur bienfaiteur » la personne de la commune qui les entretient de tabac. Ils sont tellement attachés à leur pipe qu'ils aiment mieux revendre leurs croûtes de pain que de renoncer à ce luxe.

Lorsqu'on veut envoyer à l'hospice un de ces pauvres impotents, il s'écrie toujours :

— J'irai même en prison si on m'assure du tabac à longueur de journée.

Cependant les campagnards détestent l'hôpital. Il représente à leurs yeux la captivité, la maladie et la mort. Attachés au coin du sol qu'ils ont défriché jadis, ils préfèrent une existence aléatoire au bien-être dans l'enceinte d'un Hôtel-Dieu. On méconnaîtrait ce paupérisme en croyant assurer la félicité des Bretons par la création des maisons de retraite.

Dans quelques communes, à l'imitation de certaines provinces du Centre, le conseil municipal attribue un pauvre par semaine aux fermiers et aux bourgeois capables de l'entretenir. Le vieillard est ainsi nourri et logé à tour de rôle et ne pâtit pas.

Des auteurs aussi renseignés que M. Méline ont prêché le retour aux champs. En ce qui concerne la Bretagne pauvre et prolifique, l'exode vers les villes paraît malheureusement plus justifié. Un ouvrier salarié à 1 fr. 25, nourri d'indigestes bouillies et de galettes, désire gagner cinq ou six francs, se nourrir, se loger et se récréer comme un civilisé. Dans les départements armoricains, les meilleurs et les plus hardis des jeunes gens quittent malheureusement leur pays. L'école en les instruisant leur donne conscience de l'état du monde moderne et travaille au dépeuplement, relatif d'ailleurs, de nos campagnes. Et pourtant, tel est l'attachement des Bretons pour leur village et leur clocher à jour dont les sonneries ont pour eux des voix d'une douceur inimitable, que lorsqu'un Breton transplanté à Paris s'enrichit, il revient acquérir dans sa commune la maison où il mourra face à son ciel gris et à son landier doré.

Rarement les Français des autres provinces sont demeurés justes vis-à-vis des Bretons. Leurs éloges ou leurs blâmes ont dépassé les mérites ou les qualités de nos paysans. Aucune population n'étant plus réservée, plus méfiante même vis-à-vis des étrangers, il convient de l'étudier patiemment avant de prononcer un jugement que les faits ultérieurs controuvent. Ces dernières années, des romanciers se sont montrés sévères envers les Bretons. M. Henri Céard [1] consacra près de neuf cents pages d'ailleurs souvent exactesà démontrer la stupidité et la brutalité alcoolique des habitants de la presqu'île de Quiberon. Son ouvrage respire le plus sombre pessimisme. Avant lui Georges d'Esparbès et Austin de Croze avaient annoncé la fin des marins paimpolais, tués par le tafia. Or, Morbihannais ou Trégorrois vivront encore longtemps et se multiplieront. Jamais les apparences n'auront trompé davantage les observateurs qui n'appartiennent pas à cette race renfermée.

...Les Armoricains ont pourtant leurs explosions. Fatalistes et résignés sur leurs landes et à leurs travaux, — soudain ils se réveillent ardents au plaisir et aux conversations les jours de foire ou de pardon. C'est qu'il y a chez eux un besoin de se soulager d'un silence prolongé pendant des semaines dans leur campagne mélancolique, avec son ciel bas d'où l'eau descend comme des larmes. Les Gallots poussent ces contrastes à leur extrême limite. Ces cultivateurs aux yeux endormis et aux échines alourdies, semblerait-il, par le poids de toutes les infortunes de leur race, — se retrouvent guillerets lorsqu'on les convie à un mariage. Ils dansent alors des *ridées* pendant trois jours, vocifèrent, et les plus vifs d'entre eux composent des

1. *Terrains à vendre,* roman 1007.

chansons. Quelques joueurs de binious excellent dans ces compositions faciles, incorrectes mais d'une poésie certaine. La source des bardes n'est donc pas tarie. Les Morbihannais aiment d'ailleurs chanter lorsqu'ils travaillent en compagnie. Le battage au fléau est toujours rythmé par une chanson qu'un dépiqueur entonne et auquel ses camarades répondent. Les patours s'interpellent de coteau en coteau et les claquements de leurs fouets accompagnent les refrains.

Il faut le dire, dans sa famille, le cultivateur montre peu de souci d'être agréable à sa femme. Pourtant, s'il ignore les manières raffinées de la politesse, il sait être galant à l'occasion. Les mots : mon aimable, ma douce, sont communs dans la conversation, et les garçons, plaisantins érotiques, marquent même trop de prévenances pour les jeunes filles ; aussi les naissances illégitimes sont-elles communes dans les bourgs.

...Comment affirmer ensuite l'aménité ou la sauvagerie de cette population, tour à tour courtoise et rude ?

Au point de vue esthétique, les artistes eux-mêmes ne peuvent pas s'entendre sur la valeur picturale de l'Armorique. La majorité la voit grise avec des dégradations harmonieuses et tristes ; elle apparaît colorée et vibrante à d'autres peintres. Landes dorées et roses, mer d'un bleu de cobalt l'été, roches de porphyre rouge, coiffes, guimpes et collerettes blanches des femmes, costumes bleu de roi, cotillons écarlates, près d'un vert inimitable parmi leurs eaux courantes font de la Bretagne une contrée multicolore, et c'est ainsi que Simon, Le Mordant et Maufra la traduisent. D'autres peintres, comme Cottet, l'aperçoivent en deuil. Les uns et les autres ont d'ailleurs raison. Suivant les jours et les saisons, le landier, les rivages et les vallées mettent leurs capots [1] ou leurs habits de fête.

Vient-on à parler des qualités intimes des habitants ? Ils passent tantôt pour désintéressés, fidèles, honnêtes, timides, et tantôt on dénonce leur amour du gain; l'effronterie de leurs filles dans les ports sardiniers, la mendicité de leurs enfants dans les centres de tourisme, l'ivrognerie des marins et l'indifférence des paysans aux bienfaits. Sans doute ces blâmes et ces compliments ne portent point tous à faux, mais leur exagération n'a pas besoin d'être démontrée. Toujours l'esprit de généralisation tend à faire supporter par tout un peuple les fautes ou les vertus de quelques-uns.

A la vérité, la Bretagne prolifique, agricole et maritime demeurera une pépinière d'hommes énergiques malgré l'alcoolisme qui pourrit le sang et le cœur de ses enfants. Aucun Breton de bonne foi ne niera d'ailleurs l'immensité de cette plaie. Elle produit une régression de la moralité chez nos cultivateurs et nos pêcheurs. Leurs pères routiniers ne connaissaient pas les méthodes fécondes de l'agriculture nouvelle, mais ils valaient davan-

---

1. Capot, sorte de large capuchon plissé en drap noir.

tage   par la dignité de leur vie et leur fierté.

Les crimes et les infanticides se multiplient. La Cour d'assises du Finistère est toujours l'une des plus chargées. D'un autre côté les mœurs antiques assuraient la paix entre propriétaires et tenanciers et faisaient régner la douceur dans les rapports des maîtres et des serviteurs. La charité des anciens usages défendait aussi les journaliers contre la misère, « le fort aidant au faible » suivant la vieille et noble expression bretonne. Aujourd'hui la lutte pour la vie entre Armoricains, outranciers comme tous les êtres naïfs, provoque des grèves violentes et jette les populations de certains cantons dans un socialisme internationaliste dont elles ne savent au fond que le chant de la lutte finale.

Les fêtes données en l'honneur de l'érection de la statue de Renan, à Tréguier, en 1903, furent significatives à cet égard. Dans les salles publiques on chantait l'internationale et pendant deux jours les cris de hou ! hou ! à bas la calotte, furent hurlés avec une conviction telle qu'on aurait pu croire la Bretagne déchristianisée. Le dimanche suivant, les fumées des banquets évanouies, on pouvait déjà retrouver à la cathédrale quelques chefs du mouvement et la plus grande partie de leurs troupes.

...D'autre part, lorsqu'on examine la décadence des arts locaux : broderies, sculptures sur bois, poteries, faïenceries, et que l'on compare le mobilier de nos paysans au XVIIIe siècle à leurs meubles et à leur vaisselle modernes, si insuffisants, l'on

est bien forcé de reconnaître que l'Armor a perdu
d'un côté ce qu'il a gagné de l'autre. S'il nous fallait donc chercher une conclusion à cette étude,
après y avoir bien songé, nous affirmerions qu'en
l'état actuel, la Bretagne, demeurée un siècle
après les autres provinces une image vivante de
la vieille France, commence à connaître les affres
de l'évolution et souffre d'un manque d'équilibre.

Tout sur son sol, les maisons et les gens, portent
encore en eux le moyen âge ; mais les fermes
caduques ne seront pas éternelles, et, à travers
l'ivresse de ce peuple, les rêves d'une vie nouvelle
s'ébauchent.

II

LE COMMUNISME RURAL AU PAYS GALLOT

Il est généralement admis que le paysan a le culte forcené de la propriété, qu'il aime sa terre comme l'avare son or et qu'il défendrait au besoin le sol, les armes à la main, contre les entreprises sociales qui tendraient à modifier l'ordre existant du cadastre.

On oublie seulement de dire que, malgré le nombre considérable des petits possesseurs de la terre que certains statisticiens évaluent à huit millions, la multitude des domestiques, des ouvriers agricoles, des métayers et des fermiers qui ne possèdent rien, c'est-à-dire qui vivent en travaillant les sillons des autres, ne pensent pas ainsi et témoignent, par leurs actes journaliers, qu'ils considèrent un peu la grande terre comme le patrimoine collectif des terriens. Partant de ce principe, ils pillent le bois, fauchent l'herbe ou cueillent les fruits, en un mot, usent des grands biens particuliers à chaque canton comme si ces biens étaient un peu leur chose. Il n'y a pas à douter de l'esprit communautaire qui anime encore des millions d'hommes considérés, à tort, comme les protagonistes de la propriété et les amis d'un ordre auquel ils n'ont d'ailleurs pas contribué.

Extérieurement, si la masse agraire semble un bloc passif, un énorme rocher moussu de préjugés et de routine, il ne faudrait pas croire à son immobilité éternelle. De tout temps, la population agraire a revendiqué ses droits sur les bois, les eaux, les pâturages.

Nos paysans du XXe siècle ne savent plus que le communisme fut à la base de tout essai de culture, et cependant, obscurément, ils sentent quelle utilité les terrains et les forêts communaux avaient pour eux.

Nous allons rechercher les faits et les usages conservés qui prouvent combien le sentiment communiste, « le fort devant aider au faible », disaient les anciens cahiers des « généraux », est encore vivace chez les campagnards bretons.

Il n'y a aucun doute qu'aux siècles mérovingiens, les terres furent cultivées par des clans de laboureurs travaillant en commun un sol dont la possession incertaine n'était revendiquée que par des chefs francs qui ne connaissaient pas eux-mêmes l'étendue d'une terre conquise les armes à la main. Alors l'idée de propriété d'un champ, d'un pré, eût paru ridicule au milieu de l'étendue d'un pays entier qui s'offrait aux nouveaux occupants.

Le travail en commun, à bénéfice commun, dura plusieurs siècles, malgré le pouvoir de plus en plus

arbitraire d'une féodalité qui s'emparait effective-
ment, peu à peu, du sol et des bêtes humaines ou
animales qui le peuplaient. A force de compression,
vint l'explosion. Les serfs révoltés au XIe siècle
conquirent leurs « chartes d'affranchissement » et
leur communauté nomma les gardes du village, les
pâtres du troupeau pâturant en commun et décida
des travaux à effectuer par le libre consentement
des villageois.

Du nord au sud de la France, la commune libre
nomma son syndic, son maire, son consul, son
jurat ou son capitoul. Alors revécurent les primitives assemblées pastorales où le peuple réuni était
consulté sur l'administration de la communauté.
Les *anciens*, c'est-à-dire les vieillards, voilà les
conseillers naturels des tribus agraires. Le génie
populaire de la libre France du moyen âge voulait
qu'à ces assemblées communales tous les chefs de
ménage et les veuves pussent délibérer.

Lorsqu'on consulte les plus vieux procès-verbaux
conservés dans les mairies du Morbihan, on peut
lire l'ancienne formule usitée qui symbolisait tout
le régime politique de ces assemblées : « Lesquels
habitants comparant par (ici les noms des présents) faisans et représentans la plus grande et
saine partie des habitants, se portant forts pour
les absents…, etc…, ont résolu de… »

En cas d'emprunt nouveau qui pèserait sur la
population, celle-ci, tout entière, devait adhérer
à la décision prise. Il y avait donc là une sorte de
plébiscite avant la lettre. Dans les circonstances

solennelles réclamant la présence de tous les habitants, la convocation était faite, au moins la veille, de « pot en pot », c'est-à-dire de porte en porte, par le sergent du village.

Ces réunions populaires, où tous les villageois étaient égaux, se tenaient généralement dans les cimetières. On s'asseyait sur les pierres tombales. En cas de pluie, on se réunissait chez l'un des habitants ou à la sacristie. Les assemblées étaient délibératives et exécutives. Elles nommaient le syndic, le recteur d'école, le procureur, le sonneur, le fossoyeur, le garde forestier, les pâtres, celui du menu (patour aux moutons) et celui du grand troupeau, les collecteurs de la taille, etc.

Tout dans l'administration paysanne était conçu dans un esprit communiste, puisque les animaux de chaque famille étaient confiés à un seul berger et pâturaient dans les communaux. Il est curieux qu'aujourd'hui il semble paradoxal de constater cet antique état de choses, trop ignoré de certains théoriciens qui rebâtissent précisément l'avenir rural sur un système éprouvé.

Eternelle régression, puis retour des institutions humaines !

CAMBERT ET FRÉRIES DU MORBIHAN

Après cet aperçu sur les communes pendant l'ancien régime, nous allons passer en revue les dernières institutions existantes du communisme rural. Disons tout de suite que si elles tendent à disparaître, c'est qu'elles sont en contradiction avec l'esprit issu de la révolution française. Depuis le jour où les nouveaux possesseurs de biens nationaux ont triomphé, ils ont voulu rendre sacrés à tout jamais leurs titres de propriété, et ils ont été obligés de lutter contre le sentiment communautaire des paysans, d'où ce conflit entre la classe rurale et la bourgeoisie foncière. Nous reviendrons tout à l'heure sur la formation et l'émiettement des communaux et nous expliquerons pourquoi ils tendent à disparaître complètement. Auparavant nous voulons présenter deux institutions communales qui se sont perpétuées jusqu'à nos jours pour le plus grand bien de nos populations rurales.

D'abord le *cambert*, dont l'étymologie, si nous en croyons un érudit, se trouverait dans le mot espagnol « cambio », troc, échange [1].

Les *camberts* sont des associations amicales destinées à faciliter l'exécution des travaux en commun qui exigent un nombreux personnel, par exemple, le battage, la fenaison, etc. Chaque *cambert* réunit environ quinze à vingt fermes qui fournissent chacune trois personnes; et, alternativement, un garçon et deux filles et deux femmes et un homme, de façon à ce qu'au total le fermier

---

[1]. Un certain nombre de mots espagnols persistent encore dans le patois gallot.

qu'on aide trouve à sa disposition autant de gars que de filles, chacun ayant son occupation spéciale dans une batterie de blé, par exemple. Chaque arrivant apporte son lait et son beurre pendant les journées de travail, afin de ne pas trop gréver le budget du fermier qu'on aide. Celui-ci est seulement tenu de leur tremper la soupe et de fournir le pain et quelquefois du lard, suivant ses moyens.

Le *cambert*, c'est donc la mise en application intégrale du communisme agraire. Dans les campagnes pauvres, on ne voit pas trop comment l'on pourrait remplacer cette aide spontanée des voisins par des salaires qu'il serait impossible à un pauvre métayer de payer. Il rend donc en nature, en travail de ses bras, l'aide qu'on lui a portée.

Si, par exemple, soixante personnes ont travaillé un jour, chez lui, il doit soixante journées de travail. Le fermier, sa femme et ses enfants pourront se libérer en quinze à vingt jours de cette dette.

Grâce au *cambert*, une famille s'appuie sur la petite collectivité des voisins et, par lui, elle peut exister et prospérer. Le salariat adopté presque universellement dans les départements fortunés a fait disparaître cette coutume honorable qui avait un mérite immense, celui de rapprocher les intérêts de tout un groupement solidarisé devant la bonne production et l'aisance d'une-famille.

Osera-t-on croire que le salaire en argent a pu remplacer le « merci » cordial qu'un paysan libre donnait à un autre paysan qui, librement, lui avait prêté sa bonne volonté et ses bras ?

Voici un second exemple d'entente :

Les « fréries », qui subsistent encore, étaient à l'origine des divisions administratives nées spontanément de la fraternité entre voisins, d'où fréries, de frères. Il ne faut pas confondre avec les « frairies » (fêtes de village). Autrefois, la levée des fouages et des autres impôts exigeait une connaissance parfaite de l'état d'aisance des paysans, puisque le collecteur réclamait plus ou moins, suivant les maisons. Ce régime, qui imposait chacun d'après les moyens qui lui étaient reconnus par l'opinion publique, ressemblait d'ailleurs étonnamment au fameux impôt sur le revenu, toujours attendu.

L'ancienne frérie était aussi une division religieuse, car généralement chacun de ces groupements possédait une chapelle.

Aujourd'hui encore, dans les campagnes de l'ouest, ces tribus fraternelles qui se doivent secours et protection sont reconnues des conseils municipaux qui désignent deux répartiteurs par *frérie* lorsqu'il s'agit de fixer le rôle des prestations.

Enfin, en matière d'élection au conseil municipal, il est d'usage de nommer un conseiller par *frérie*, ou, du moins, dans l'assemblée municipale, les élus se partagent l'honneur de défendre chacun les intérêts d'une *frérie* de la commune. Au total, la *frérie*, c'est donc encore une institution de politique fraternelle à base d'intérêt commun. On n'y

débat et on n'y défend que des sujets essentiellement utiles à la petite communauté.

LES COMMUNAUX

Il n'est pas exagéré de dire qu'il y a seulement
un siècle, une bonne partie du territoire français
était bien communal. Chaque village possédait des
biens fonciers, laissés en commun, et dont chacun
profitait. En 1830, les pâturages, les causses et
les landiers communaux étaient encore si considérables que dans la Bretagne, on trouvait autour des
villages beaucoup plus de sol dévolu à l'usage de
tous les habitants que de champs cultivés par leurs
propriétaires.

On a beaucoup épilogué sur l'origine de ces biens
collectifs. Il nous paraît qu'ils proviennent du jeu
naturel des institutions féodales qui accordaient à
chaque agglomération des pâturages, des bois, un
lavoir, un four, etc. Puisque, à l'origine, dans chaque
bourg, seul le seigneur pouvait se dire propriétaire,
il fallait bien qu'il abandonnât aux besoins des
paysans une grande quantité d'un sol qui n'avait
d'ailleurs de valeur que lorsqu'il était mis en
œuvre.

Il semblerait aussi que, pendant les croisades
et en l'absence des suzerains, les laboureurs culti-
vèrent, pâturèrent et prirent coutume de certaines
réserves de leurs seigneurs. Dans la suite des

siècles, par une sorte de prescription, ces communaux furent acquis à la communauté paysanne et, pourvu que le cultivateur payât l'impôt d'argent et l'impôt de sang, on le laissait jouir en paix des droits qu'il s'était octroyés.

La communauté paysanne posséda aussi des biens, en toute propriété, en dehors de ces usages, dans les bois ou les pâturages d'autrui. Ces coutumes et ces véritables titres ont été conservés jusqu'à nos jours, et lorsque de nouveaux acquéreurs ne veulent pas reconnaître ces *usances* (vieux style), on voit des communes s'insurger et menacer de mort les représentants de l'autorité moderne, aussi dure aux paysans, d'ailleurs, que le pouvoir féodal !

En l'état actuel, voici les usages qui subsistent. Dans beaucoup de communes de la Bretagne, partout où la campagne est bien boisée, on reconnaît encore aux villageois l'*affouage*, c'est-à-dire le droit de prendre dans la forêt voisine le bois nécessaire pour se chauffer et faire cuire leur pain dans leurs fours particuliers.

Dans nos communes de l'Ouest, des répartiteurs nommés par les bénéficiants sont chargés de distribuer avec justice le bois qui revient à chacun. Cet affouage, dit de *mort bois*, est encore très répandu. Il consiste non seulement à ramasser les branches brisées, mais encore à émonder les arbres reconnus impropres à tout service de menuiserie ou de charpente, c'est-à-dire : le saule, le tremble, le coudre noir, le troëne, le fusain, etc.

Le droit de maisonnage (charpentes à prendre dans les arbres de futaie) et le droit de faire « harnais de charrue » sont de plus en plus contestés par les propriétaires issus de la Révolution française.

Il y aurait beaucoup à dire sur les restrictions perpétuelles apportées par les nouveaux maîtres du sol qui, plus sévères que l'ancienne noblesse, refusent aux pauvres campagnards des jouissances tolérées par les gentilhommes terriens sous l'ancien régime.

Les biens communaux que nous avons plus particulièrement étudiés dans nos départements de l'Ouest, consistent, aujourd'hui, en pâturages qui sont généralement une dépendance des villages les plus proches dont ils sont la propriété particulière. Lorsqu'une commune possède plusieurs hameaux, chaque hameau, qui est souvent constitué en frérie et cambert, possède un communal distinct de celui des agglomérations de chaumières voisines.

En dehors de cet usage, les villages limitrophes jouissent de prairies communes à tous les paysans habitant le pays ou venant s'y fixer à titre de fermiers ou d'ouvriers agricoles.

Chacun envoie librement ses vaches, ses moutons sans qu'il y ait limitation dans la jouissance des gens aisés ou des pauvres.

Au mois de juin, au moment de la fenaison, les *anciens* des villages partagent les prairies insuffisantes pour la communauté en lots appelés :

bauches, et, par suite d'un roulement convenu entre tous, ces *bauches* sont fauchées chaque année par des cultivateurs différents.

Il existe encore dans un certain nombre de cantons [1] une coutume assez touchante : c'est le *gallais*. On dit familièrement d'un pauvre journalier : « Celui-ci n'est pas riche, il se rend à gallais. »

Ce mot désigne les bandes herbeuses qui entourent les champs de seigle ou de sarrazin et qui servent au passage des voitures du fermier. De même, le *gallais* des chemins signifie toute l'herbe qui recouvre naturellement les bas côtés des sentiers vicinaux.

Un usage de toute antiquité reconnaît aux paysans privés de prairies la faculté de conduire à *gallais*, sur la commune, leur unique vache ou leurs quelques moutons.

En somme, les anciennes *usances*, charitablement rédigées, ont voulu qu'aucun coin du sol ne fût inutilisé et, pour cela, on facilitait aux indigents l'usufruit des terrains inoccupés.

Voici dans quels termes sont rédigés, dans les cahiers des communes, les droits aux bois et prés qui, encore aujourd'hui, font loi :

« Communeront les portables aux *doués* (lavoirs et sources), fontaines, landes, communs et *gallois* ; et les héritages qui écherront à chacun d'eux leur donneront droit de choisir et communer suivant les anciens titres et usages. »

1. Particulièrement les cantons de Josselin, Ploërmel et Questembert.

Ailleurs, cette mention est stipulée :

« Droit de communer aux doués pour y rouir leur chanvre. »

Et ce qui concorde avec notre appréciation sur l'origine des communaux, nous transcrivons du vieux livre des usances du comté de Porhoët ce passage : « Les advouants ont droit et privilège d'aller pâturer leurs bestiaux aux landes et communs relevant de la dite seigneurerie et baronnie. »

En 1774, des restrictions sont déjà stipulées dans les cahiers communaux : « L'advouant a droit aux communs de la seigneurerie pour tout le temps qu'il plaira au seigneur. » Déjà s'annonce le nouveau régime qui, vingt ans après, commencera de combattre les prétentions des paysans.

LES BIENS COMMUNAUX DEVANT L'ESPRIT MODERNE

Tous ceux qui étudient impartialement la vie à la campagne depuis deux ou trois cents ans, et on ne trouve presque pas de documents sur l'existence intime des villages au delà du XIIe siècle, sont étonnés de constater les faits paradoxaux en apparence. Mille exemples leur prouvent que les communaux, les *camberts* et les *fréries* se portaient beaucoup mieux sous l'ancien régime et qu'au contraire, la Révolution française, en instaurant une nouvelle classe de propriétaires, a, du même coup, frappé à mort les institutions communautaires du moyen âge qui étaient fortement développées et assises sur une portion du sol assez respectable pour assurer au moins le pain quotidien à leurs bénéficiaires.

Nous croyons qu'il faudrait réformer beaucoup de jugements sur l'ancienne France. Les vrais hommes de progrès, ceux qui constatent l'immense détresse moderne, auraient intérêt à chercher, même dans l'histoire passée, des exemples d'une solidarité et d'une communauté d'intérêt que l'esprit et la loi actuels, trop égoïstes, ont étouffées en fait.

Nous croyons pouvoir établir une relation de cause à effet entre la disparition des communaux et le départ de plus en plus accusé vers les cités. La terre se meurt. Inutile constatation ! Regret stérile, si nous ne savons pas chercher la vraie cause de cette mort, c'est-à-dire le paupérisme croissant aux champs, parce que tout, dans les lois et les mœurs, est dirigé contre les pauvres, contre les ouvriers agricoles qui ne peuvent plus vivre sans sol et dont on coupe les attaches à la terre en supprimant le bien communal, cette douceur chère à tous les indigents qui, au moins, pouvaient conserver dans leur écurie la vache unique, cette fortune, ce bien-être.

Lorsque nous interrogeons nos pauvres voisins de campagne, tous sont unanimes pour réclamer le droit de vive pâture. Mais aujourd'hui les anciens prés ont été morcelés et sont terriblement défendus par des murs cuirassés de culs de bouteilles ou de fers de lance, sans compter la loi qui fait payer cher l'herbe absorbée sans contrôle ni autorisation.

Voyons donc comment les communaux ont pu diminuer si rapidement et pour quelles causes les communes abandonnent une partie des anciens terrains.

C'est que l'esprit du bourgeois, maître du sol, a gagné les notables villageois autrefois acharnés à défendre les droits de la commune envers et contre tous.

C'est que le petit propriétaire paysan, acquis aux nouvelles idées de possession exclusive, a voulu arrondir son lopin. Nommé conseiller municipal dans une assemblée privée succédant à l'universelle délibération de tous les habitants, il n'a eu qu'un but : servir sa fortune, même au détriment de ses administrés pauvres.

Quelques exemples de ces opérations. D'abord des partages à l'amiable d'un égoïsme révoltant.

Un jour, les notables de Guehenno se réunissent et, assemblés municipalement, se partagent les communaux de Gouer *au prorata de la fortune des paysans propriétaires*. Ce : au *prorata* est tout à fait admirable, car il priva tous les pauvres, la majorité, de prétendre aux moindres parcelles. L'inverse eût été raisonnable.

Ailleurs et chaque année, nous voyons des communes adjuger des lots aux enchères et généralement aux propriétaires riverains indivis. Par un sentiment de représailles trop naturel, les voisins pauvres qui n'ont acheté aucun terrain, continuent à vouloir jouir de la pâture, ce qui amène des discussions et des procès.

Presque toujours la grande raison de ces ventes, c'est la pauvreté des communes rurales qui, à court d'argent pour l'exécution d'un chemin ou d'une école, aliènent une partie des communaux afin de se procurer quelques ressources. Peu à peu le bien communal diminue, est mal entretenu, est pillé ou trop pâturé, et c'est la ruine définitive d'une propriété jadis utile à tous.

Comme exemples des déprédations absurdes de communaux, aujourd'hui trop restreints pour le nombre des animaux amenés à pâturer, empruntons à Onésime Reclus cette toute récente constatation. Il parle des communaux pyrénéens et il dit que les communs sont encore propriétaires de vastes terrains en montagne, soit pâtures, soit bois. De leurs bois elles ne s'occupent guère, ils sont à l'abandon. Or, elles en détiennent encore 165.000 hectares ou les deux cinquièmes de toute la sylve pyrénéenne. Quant à leurs communaux, elles s'ingénient surtout à y tuer la poule aux œufs d'or. Voici comment : tel communal peut entretenir 1.000 moutons et, ce qui vaudrait mieux, pourrait y maintenir 70 vaches. Borné à ce millier de tondeurs, ce pâturage durerait, pratiquement, toujours. Mais les communes besogneuses louent en surcroît leurs pâtis aux Espagnols. Les locataires, dès l'été venu, envoient un bétail bêlant de 2 et 3.000 têtes dans cet herbage qui convenait normalement pour 1.000 moutons. En quelques années, les gazons piétinés, tondus, arrachés, ont disparus avec les tiges des menus arbrisseaux qui les ombrageaient et que les maudites bêtes ont rongés jusqu'à la racine. C'est la fin d'un communal prospère. Le sol n'est plus qu'un désert et les habitants s'exilent. 160.000 montagnards sont déjà partis pour les villes.

Ainsi les causes de la disparition de ces prés et de ces bois nécessaires sont : l'imprévoyance et la dilapidation d'un héritage historique par des communes prodigues et la cupidité des propriétaires riverains.

Dans le Rouergue, où le paysan est profondément acquis aux idées de possession exclusive, les communaux sont mal tenus ; de même en Normandie, où ils sont négligés. Conséquence fatale, le salariat triomphe dans ces provinces à l'exclusion de toute aide fraternelle. Et quoi qu'on dise, quoi qu'on pense et quoi qu'on fasse, jamais des ouvriers payés et nourris plus ou moins misérablement ne remplaceront l'aide joyeuse et spontanée des *camberts* du Morbihan.

Chaque année, nous assistons à ces formidables parties de travail qui s'appellent la coupe des froments et les battages à la vapeur. Chaque été nous voyons des gens supporter gaîment pendant cinq à six semaines quatorze à seize heures d'un travail épuisant, qu'ils savent transformer en fête des champs. Et la nuit les jeunes gens dansent encore et, le lendemain, à l'aube, ils se rendent bras dessus, bras dessous en chantant, parce qu'une force indéfinie est en eux, la fraternité, qui leur fait épuiser toute la vigueur de leur corps au service, non payé, de braves gens qui leur rendront, avec le même entrain, des journées de leurs bras.

Il serait utile aux écrivains qui dissertent sur l'avenir agraire et voient dans la machine un remède à tous les maux, de comparer, par exemple, les batteries, en Bretagne, à 60 et 80 personnes, avec le battage ennuyé et pénible des provinces où un maître unique, le fermier propriétaire, salarie des hommes étrangers à la prospérité du pays et venus de Belgique ou d'ailleurs, pour gagner le plus possible avec le moins d'effort.

Et réellement, les théoriciens du communisme rural ont une preuve réelle de la fécondité de leurs principes lorsqu'on observe à chaque moisson les quelques centaines de milliers de paysans fidèles aux camberts et aux institutions analogues. Par-dessus tout, ce qui émeut le plus indifférent observateur, c'est la joie de ces campagnards brûlés du soleil et cependant vaillants après une dépense physique incalculable et telle qu'aucun salarié n'en voudrait et n'en pourrait fournir.

UN DÉCRET ET SES SUITES

Nous avons écrit plus haut que l'esprit jacobin avait été en contradiction absolue avec l'ancien génie populaire français qui, depuis le moyen âge, était communautaire. Dès que le Tiers-Etat bourgeois crut à son succès, il manœuvra évidemment contre les désirs des pauvres qui étaient et seront toujours la multitude.

Un quart du sol était peut-être bien communal en 1789. Mais voici qu'un coup de tonnerre éclate dans nos villages, c'est le décret du 10 juin 1793 permettant et réglant le partage des communaux entre les habitants. On savait ce que cela signifiait. Le partage et les partageux ont été en haine au rude bon sens des paysans qui n'ignoraient pas que les riches et les puissants allaient s'octroyer la part du lion, tandis que la foule sans argent se contenterait d'être dépouillée de ces communaux qui étaient son patrimoine séculaire.

Ce qui revient à dire que le décret de juin 1793 est antirévolutionnaire et se retourne contre le peuple des terriens. D'ailleurs les suites de cet arrêté désastreux fournirent une preuve, devant l'histoire, de l'absurdité des partages qu'il faudrait diviser en lots aussi nombreux que les paysans et renouveler tous les cinq ans !

Les communaux étaient donc frappés à mort. L'élan avait été donné et maintenant les biens de la communauté seront, dans les campagnes, comme des îlots dont la mer ronge chaque jour les rivages et rétrécit la surface. Ils seront submergés.

Quelques bons esprits déclarent que c'est une loi du progrès. Nous protestons au nom des pauvres journaliers agraires dont on assure ainsi la misère durable, puique privés des pâturages, ils ne peuvent plus avoir de lait et de beurre, les moyens d'entretenir les animaux leur étant retirés. En dehors de cela, ces gens littéralement déracinés d'un sol qui ne leur est plus rien, voudront tous habiter les villes. Partout les nouveaux maîtres de la terre sont plus absolus dans la possession de leurs biens. Et ils ne reconnaissent plus les vieilles tolérances séculaires.

A la forêt de Lanouée [1], de temps immémorial, on accordait aux *sacquiers* (porteurs de charbon de bois), le droit de pacage. C'en est fini.

Les dernières communes libres qui subsistaient encore au milieu des terres administratives, comme cette fameuse petite république de Thelin, en Plélan [2], ont cessé d'être autonomes et exemptes d'impôt.

Mais un espoir surgit : par un retour éternel des choses, en créant les caisses et les syndicats agricoles, on refait partiellement, au moyen de la puissance de l'argent, ce que les mœurs et les lois avaient enlevé aux campagnards pauvres.

...Si nous entrions dans le détail de la vie rurale, nous montrerions comment les villages de quinze à trente feux ont besoin de vivre en communauté, de s'entr'aider, de posséder les principaux élé-

1. Canton de Josselin (Morbihan).
2. Plélan (Ille-et-Vilaine).

ments de succès bien à eux tous, afin d'être délivrés des servitudes qui pèsent encore cruellement sur eux.

Un seul fait à titre d'exemple.

Parce que le charron-forgeron du bourg voisin, qui est toujours un assez gros personnage, veut vendre exclusivement les charrues, il refuse de réparer les brabants et les bisocs et toutes les machines d'un usage supérieur, mais qu'il ne fabrique pas ou ne représente pas. D'où ce résultat que les fermiers français de beaucoup de provinces en sont encore réduits à des araires plus ou moins grossières et à des terres mal labourées par la volonté d'une poignée de négociants qui, seuls, peuvent réparer ces outils.

De quelque côté qu'on retourne la question, il apparaît avec évidence que l'aide spontanée, seule, sera encore féconde dans la vie de la terre, et que tous les paysans étant solidaires devant les mauvaises et les bonnes récoltes, solidaires aussi devant leur prospérité, solidaires encore dans leurs travaux, il convient de ne pas détruire ce qui demeure de l'ancien communisme rural ; il convient aussi de sauvegarder les derniers communaux et même de les accroître, parce que ce sera encore le meilleur moyen de retenir au pays les ouvriers agraires.

On cherche toujours très loin les motifs de la dépopulation rurale. Il n'en est pas d'autre que la misère. Laissez du sol, donnez du bien-être, arrivez à salarier raisonnablement les domestiques, les valets de ferme et les journaliers de la terre, et ils n'auront aucun besoin d'aller à la ville troquer leur pain de méteil contre du pain blanc.

C'est notre conviction absolue que les communaux, les *camberts*, les *fréries* et les divers *usages* à base communautaire, étaient la plus sûre digue contre le paupérisme rural.

Par là l'homme vivait dans la fraternité de ses voisins et nous disons qu'au milieu de la campagne immense, le cultivateur est un insecte si petit qu'il a besoin de s'appuyer à ces faisceaux humains qu'associent leur intérêt et leur défense commune devant la vie cruelle au pauvre paysan isolé.

Pour que l'existence rurale soit féconde et supportable, il faut du sol aux pieds de ces plantes humaines que sont les paysans. Et afin qu'ils aient beaucoup d'élan et de bonne volonté dans la conquête des moissons dont nous vivons tous, il convient de leur assurer, dans des conditions raisonnables, le bois et l'eau nécessaires. Et le soleil fera encore des heureux.

III

LA VIE BRETONNE

Je voudrais évoquer dans ces pages, non pas l'Armorique parcourue circulairement chaque année par des milliers de touristes, mais la vieille terre de Gaël conservant opiniâtrement, à travers les siècles, son âme traditionnelle et ses coutumes ancestrales dans le travail ou dans les fêtes. Cette vie intime est encore assez peu connue. Quelques auteurs parisiens ont écrit, tour à tour, et suivant leur humeur, que les Bretons sont des sauvages ou bien des hommes primitifs mais admirables d'honnêteté et de droiture.

Nos compatriotes ne méritent ni cet excès d'honneur ni cette indignité. Nous aimerions, par la simple description de leur existence, prouver qu'ils sont toujours intéressants, alors même qu'ils se trompent. Par ces temps de banalisation à outrance, il nous plaît d'appartenir à une race qui ne soit pas encore complètement assurée que le progrès industriel, c'est le bonheur.

Beaucoup de Bretons, Dieu merci ! rechignent à croire que le fait de porter un horrible complet, d'habiter une maison à sept étages, de travailler parmi les trois mille ouvriers d'une usine, de prendre des apéritifs sur le zinc, de lire un journal et d'aller au « beuglant » constitue la supériorité des hommes civilisés. Le routinier paysan armoricain s'enorgueillit encore de ses beaux habits, de ses pardons, de ses églises et de ses châteaux.

Eloignés plusieurs années de leur village, nos marins ou nos soldats tombent malades en songeant à leur chaumière lointaine. Les officiers qui ont commandé les stationnaires en Extrême-Orient pourraient vous raconter les morts extraordinaires de pauvres garçons consumés comme des plantes arrachées de leur terroir et incapables de fleurir sous d'autres cieux. Presque toutes les tentatives de colonisation en Afrique, par des Bretons, ont sombré, parce que les cultivateurs transportés en terre d'Islam, dépérissent, victimes de leur nostalgie.

Un tel peuple, — les cinq départements bretons comptent trois millions trois cent mille habitants, — exactement le douzième de la population de la France, mérite par son attachement à son sol, quelque respect.

La Bretagne est vénérable par son antiquité même. Sa presqu'île granitique émergea de l'Océan avant que le sol de la France ne fut constitué. Les premiers hommes qui l'habitèrent édifièrent des monuments immortels gravés quelquefois de signes mystérieux : dolmens, menhirs, peulvens, galgals. Plantés sur l'Armorique comme les balises du passé, ils dirigent invinciblement notre pensée vers les âges fabuleux.

Maintenant, si vous observez les manifestations de la vie bretonne, vous trouverez la même impression d'éternité. Les villages granitiques avec leurs maisons aux toits de chaume, aux portes basses, aux fenêtres étroites ; les champs aux cultures primitives ; les paysans vêtus comme au moyen âge et dont l'esprit ne diffère guère des vilains du xve siècle, vous transportent très loin en arrière. En les contemplant, on perd la notion du temps et l'on est surpris lorsque, par hasard, une automobile traverse ces bourgs vétustes ordinairement parcourus par des chars à ridelles tirés au pas de leurs bœufs lents.

Pour bien apprécier le caractère de la vie bretonne, il faut pénétrer au cœur même de sa presqu'île, dans les régions montagneuses que les chemins de fer ne parcourent pas encore.

Visitons par exemple quelques villages morbihannais les plus typiques et les plus évocateurs du passé.

Un chemin creusé par les pluies nous y amène. Les talus dépassent notre hauteur et sont plantés de chênes têtards, pleins de bosses et de verrues. Leurs racines écartent la terre du remblai ; des aubépines et des houx forment une voûte de verdure agressive au-dessus de notre tête. Sous nos pieds, des ornières profondes sinuent et des rocs émergent. Le village se compose d'une rue ou d'une place bordée de pauvres maisons. Ces demeures paysannes sont construites en pierres grossièrement appareillées. Elles sont formées d'un rez-de-chaussée et d'un grenier auquel on accède, soit par un escalier en pierre, soit par une échelle. Le toit de chaume est enfoncé comme un bonnet sur les petits yeux des fenêtres. Comme ces habitations rurales ont presque toujours plusieurs siècles, les portes, à la manière gothique, sont cintrées et, parfois, les meneaux écussonnés. Une inscription nous renseigne généralement sur la date de la construction. Nous poussons la porte : après avoir descendu deux ou trois marches, nous nous trouvons dans une salle noircie par la fumée et très peu éclairée. Le plafond est formé de grosses poutres assez mal équarries et auxquelles sont accrochés les pains, les salaisons, les chapelets d'oignons et le moulin à cuillers. La cheminée de granit mouluré est quelquefois sculptée, lorsque la ferme est une ancienne gentilhommière. Elle abrite sous son manteau des bancs sur lesquels les vieillards s'asseoient pendant la veillée. De chaque côté du foyer sont disposés les lits et les armoires menuisés par les artisans villageois qui continuèrent les traditions d'art des huchiers gothiques.

Certaines fermes ne manquent pas d'allure avec leur grand portail, leur tourelle, leurs fenêtres et leurs portes écussonnées. Dans la salle, la cheminée monumentale en granit est décorée de lions et de chimères héraldiques. Nous nous trouvons alors en présence d'anciens manoirs accommodés en maisons de laboureurs par leurs propriétaires. Sous l'ancien régime les petits nobles cultivaient eux-mêmes leurs terres et menaient une vie assez semblable à celle des fermiers dont ils étaient issus. Ils affirmaient seulement leur noblesse en accolant à leur maison la tourelle, le pigeonnier et le portail. Malheureusement ces gentilhommières mal entretenues tombent en ruine. Des artistes ou des propriétaires de goût auraient intérêt à les restaurer afin de les habiter, et nos campagnes bretonnes ne perdraient pas ces petites demeures posées sur leurs coteaux comme les reliquaires en vieil argent du souvenir.

Dans la journée, la ferme se vide. Les hommes et les femmes valides sont égaillés aux champs. Seuls, les vieillards et les petits enfants restent à la maison, au coin de l'âtre, s'il pleut. Fait-il soleil, ils vont au courtil, sorte de petit jardin potager où les légumes s'associent aux fleurs rustiques. Les repas réunissent la famille et les serviteurs autour de la table. Rien ne rompt l'extrême monotonie des aliments. Le matin on satisfait sa faim avec une *gigourdène* de lait et de méteil. A midi l'on mange une soupe de lard et de légumes. Le morceau de lard est divisé en tranches minces que chaque convive mange du bout du couteau, sur le pouce avec un gros chanteau de pain noir. Le soir, même soupe, ou bien, chez les paysans plus pauvres, une bouillie de blé noir ou des galettes trempées dans du vin aigre. L'été, les laitages et le beurre occupent une grande place dans les menus. La viande est un luxe à peu près inconnu sur la table de nos paysans. Ils y goûtent seulement dans les grandes occasions, aux noces par exemple. De même, ils préfèrent vendre leurs volailles et les œufs. La boisson ordinaire des Bretons est le cidre. Dans les années de mauvaise récolte, ils boivent une sorte de piquette au miel, médiocre hypocras. Les paysans apportent à la table la même gravité qu'au travail. Manger est pour eux une chose sacrée et ils sont pleins de respect pour le pain et la chair qu'ils mangent lentement. Devant les tourtes de méteil ils se souviennent des angoisses et des fatigues que leur ont coûté le blé ou le sarrazin. Le paysan, d'une façon générale, est très sobre de nourriture. Il mange peu, mais souvent. L'été, après la *mariénée*, comme l'on dit dans la pays galot, c'est-à-dire la sieste de l'après-midi, il casse déjà la croûte et l'arrose copieusement de cidre. Six et sept repas sont nécessaires à des ouvriers levés à quatre heures du matin et couchés à dix heures du soir. Pendant les moissons, nos paysans se reposent à peine six heures par nuit.

C'est l'époque des grands travaux faits en commun et, malgré d'incroyables fatigues, ils sont joyeux d'être réunis nombreux autour des gerbes d'or dressées devant chaque ferme comme des tours orgueilleuses. En considérant, dans les champs, ces paysans vêtus de toile bise et de houseaux, on éprouve la même impression d'antiquité que devant leurs villages, que nous venons de décrire. Les machines agricoles : faucheuses, batteuses, moissonneuses-lieuses, concasseurs, charrues à vapeur, etc., sont inconnues dans ces régions demeurées moyenâgeuses. C'est avec une faux que les hommes coupent l'herbe des prés. C'est avec un faucillon qu'ils abattent les gerbes de seigle et de blé. Au mois de juillet et d'août, par des chaleurs torrides, courbés péniblement, ils mettent huit jours à couper ce qu'une machine abattrait en deux jours. Comme en Bretagne, la pluie est fréquente, le foin et le froment reçoivent des averses avant qu'on ait eu le temps de les rentrer.

Plusieurs fois nous avons prouvé à nos voisins qu'ils auraient économie de temps et d'argent à faucher ou à battre à la machine. Ils n'ont point été ébranlés pour cela. Ils nous opposent cet argument : le blé coupé au faucillon fournit une paille bien supérieure à celui coupé à la mécanique. Cet amour du « bel ouvrage » a sa grandeur.

Dans les petites fermes, aussi incroyable que cela paraisse, on bat encore le blé et le seigle au fléau. Huit personnes, hommes et femmes, disposés comme pour un quadrille, sont armés d'un fléau, instrument primitif, sorte de fouet en bois, dont les deux parties, le manche et le battant sont reliés par une charnière souple et pivotante en peau de porc. Les deux groupes de quatre travailleurs marchent à la rencontre l'un de l'autre, tout en frappant à temps alternés et avec un rythme de plus en plus fort, les javelles étendues sur l'aire, appelée : Rüe. Presque toujours ces batteries s'accompagnent de chants dont la cadence s'harmonise aux mouvements réguliers de leurs bras. Dans les métairies moyennes on se sert d'une mécanique, assez fruste, mise en action au moyen d'un manège de chevaux ou de bœufs. Au milieu de ce manège, sur une plate forme, un homme armé d'un fouet surveille la marche des animaux et les stimule de la voix et du geste. Une sorte d'arbre de couche denté transmet le mouvement à la batteuse et, comme presque tous les engrenages sont exposés à l'air libre, quelques paysans, chaque année, sont broyés par ces outils. Oliveu, un fermier de notre voisinage, s'estima trop heureux d'être déculotté tout vif, — ainsi s'exprima-t-il, — par les terribles roues dentées. La mauvaise qualité du tissu de son pantalon lui vaut de vivre encore, solide et courageux.

Dans ces batteries, les hommes et les femmes se partagent le travail suivant leurs capacités. Les jeunes « servants » grimpés au sommet des meulons, lancent les gerbes aux femmes qui les reçoivent au bout de leurs fourches. Les hommes sérieux les enfournent dans la batteuse. Les vieillards repoussent le grain au rateau. Les vieilles femmes le criblent. Les filles ont retroussé leur cotte et enveloppent leur coiffe d'un fichu afin de préserver leurs cheveux de la poussière blonde. Elles chassent la paille battue. La chaleur rougit leurs faces. Les gars font pleuvoir sur elles de grosses plaisanteries qu'elles accueillent par des rires sonores. Il règne, ces jours-là, une gaieté et une liberté d'allures que l'on ne retrouve plus dans les autres circonstances de la vie bretonne généralement réservée et muette. Pendant tout le mois d'août, la campagne devient une immense ruche remplie du bourdonnement incessant des machines à battre. Le soir, les travailleurs s'en reviennent par bandes. Ils frappent le sol de leurs gros sabots et ils chantent de ces chants alternés, venus du fond de leur race et empreints d'une grandeur et d'une poésie véritables dans le silence auguste des nuits d'été.

En novembre commencent les veillées. Les labours et les semailles sont finis. C'est la saison du repos pour les paysans. Le soir, après dîner, ils se réunissent à tour de rôle dans une ferme pour travailler et pour causer. Les « Anciens », au coin du feu, somnolent ou prononcent de temps à autre quelque phrase sentencieuse afin d'affirmer leur expérience et leur sagesse. Les femmes filent le chanvre récemment tillé ou la laine de leurs moutons, et nous admirons comment une grossière paysanne devient belle d'attitude en tournant son rouet. Les hommes tissent les licous et des liens pour les gerbes, éboguent des châtaignes et fument en crachant la salive du coin de leurs lèvres rasées.

Sur la table, les pichets de cidre incitent les veilleurs à boire en mangeant les châtaignes bouillies que l'on écrase dans le lait doux. Quand les estomacs se sont apaisés, le plus « savant » de l'assistance raconte des histoires de l'ancien temps, des histoires qu'il a recueillies de la bouche de sa grand'mère, laquelle les tenait... enfin des histoires, si vieilles, qu'on ne sait pas où et quand elles sont nées. Ces récits, presque toujours fantastiques, terrifient ou transportent les plus naïfs. Il s'agit de trésors trouvés dans les ruines ou bien de revenants, car tous ont vu, au moins une fois dans leur vie, des fantômes. A minuit les landes sont peuplées de ces revenants. Beaucoup de veilleurs ont été les victimes de « Kabino » le diable terrible et facétieux du pays gallot.

Pendant les veillées s'ébauchent aussi les idylles campagnardes. Assis à l'écart, sur un banc-de-lit, les galants, la « douce » et son « aimable » causent à voix basse ou bien se regardent sans rien dire, leurs petits doigts enlacés (or, le petit doigt est celui du cœur). Jadis ces veillées étaient une des manifestations les plus charmantes de la vie sociale dans les villages. Elles tendent à disparaître. Les fermiers prennent l'égoïste habitude de rester chez eux. Les jeunes gens, au retour de leur service militaire n'éprouvent plus de plaisir à ces veillées et ils ne comprennent plus la naïveté et la forme souvent très poétique des vieux contes. Ils se croient supérieurs à leurs pères parce qu'ils boivent davantage et sont brutaux avec les filles... Quoi qu'il en soit, on veille surtout dans les bourgs du centre de la Bretagne et « l'Ankou » (le génie annonciateur de la mort), et « Kabino » (le démon), et tous les esprits de l'air et des bois feront frémir longtemps encore des paysans superstitieux.

Commencées pendant les veillées, les idylles d'hiver se terminent presque toujours, l'été venu, par des mariages. C'est alors grande réjouissance dans les hameaux conviés aux noces. Le cortège des paysans en beaux costumes ornés de velours, s'en va à travers champs, précédé des joueurs de biniou et de bombarde. Ces instruments primitifs ressemblent aux cabrétaïres des Auvergnats et à la « nouba » des Arabes. Il s'en exhale des sons aigus, tour à tour joyeux et mélancoliques. Les sonneurs gonflent leurs joues à la grosseur des poches de leurs instruments et soufflent avec une force qui nous rassure sur la robustesse de leurs poumons. Ils s'interrompent pour boire du cidre. Un bon sonneur de biniou peut boire huit litres de ce liquide dans sa journée.

Le repas de noce a lieu en plein air, car aucune salle ne pourrait contenir les centaines de convives. Comme les sièges et les tables manquent, on dresse dans une prairie des échelles sur lesquelles on s'assied. Des planches posées sur l'herbe remplacent les tables et reçoivent les assiettes et les verres. Le père de la mariée a tué un bœuf et plusieurs moutons : les ragoûts succèdent aux fricassées. Le fumet des viandes attire, de très loin, les mendiants qui ne sont pas oubliés en ces jours de fête. Le dîner terminé, les danses commencent : hommes et femmes se trémoussent en cadence avec une ardeur infatigable. Les gavottes, les ridées, les bals à quatre, les menuets, les balancées, sont dansés à la perfection. Le spectacle d'une ridée morbihannaise sautée par trois cents paysans atteint à la grandeur. Leur ronde évoque le cercle de l'éternité, la chaîne sans fin du monde, gravée sur les dolmens. En effet, n'est-ce pas l'image de la vie éternelle que cette vieillesse et cette jeunesse, vivaces et gaillardes, associées dans leur joie ?

La population du littoral s'occupe surtout des choses de la mer. Les pêcheurs ont un certain mépris pour les terriens. En fait, ils ont une supériorité incontestable au point de vue de l'intelligence et de la propreté. Leurs villages soigneusement blanchis à la chaux, chaque printemps, réjouissent par leur aspect coquet. Leurs intérieurs sont tenus comme des navires de guerre. Passionnés pour la mer et ses aventures héroïques, les marins racontent volontiers leurs voyages. Ils n'ont point la routine du paysan et sont, par conséquent, moins traditionalistes.

Leur temps fini, beaucoup prennent du service dans la marine marchande et les plus intelligents deviennent capitaines au cabotage. La majorité arme des embarcations pour la pêche du thon et de la sardine. Cette population misère les années où la pêche est mauvaise. Les sardiniers de Concarneau, de Douarnenez et de Camaret, connaissent, depuis plusieurs années, la disette. Ces hommes ont une endurance et une intrépidité extraordinaires. Malheureusement, du samedi soir jusqu'au moment de l'embarcation, ils demandent à l'ivresse l'oubli de leurs souffrances. Le dimanche, leur état d'abrutissement atteint à l'épique. Leurs femmes doivent les arracher au cabaret et les jeter dans leurs barques. L'on voit partir des centaines de bateaux de pêche montés par des hommes ivres. A la barre, les mousses, seuls êtres lucides, conduisent ces milliers d'ivrognes, à travers la nuit, sur la mer instable.

L'industrie de la sardine à l'huile emploie une bonne partie de la population féminine de la côte, depuis la Turballe jusqu'à Audierne. Les jeunes filles et les femmes occupées dans les friteries gagnent un salaire insuffisant pour leur travail pénible.

Il nous faut signaler des industries, sinon plus lucratives, au moins plus séduisantes. La population « bigoudène » vit en partie des broderies bretonnes. A Pont-l'Abbé, hommes et femmes travaillent à broder des gilets et des corsages de soie d'un coloris admirable : orange et jaune. Les brodeurs répètent à l'infini des dessins mystérieux assez semblables aux signes rupestres des pierres druidiques. L'origine de ces bidougens est presque aussi difficile à établir que celle de leurs broderies. Demeurés païens longtemps après la conversion de l'Armorique par les apôtres irlandais, ils sont un peu tenus en suspicion par leurs voisins, malgré ou à cause de leur intelligence supérieure à celle des autres Cornouaillais.

Dans les bourgs il existe encore des artisans dont la mentalité et la façon de travailler n'a presque pas changé depuis le moyen âge. Ils habitent des maisons antiques et ils possèdent, le plus souvent, un pré où quelques vaches vont paître. Quelques-uns vivent comme les nomades bédouins : ainsi les sabotiers. Ceux-ci abondent dans la région forestière de Paimpont et de Camors. Ils établissent leurs chantiers dans les hêtraies. Au premier abord, leurs huttes rappellent les gourbis des berbères africains. Fabriquées en boue séchée, ces cabanes sont recouvertes d'un large toit de chaume ou de brindilles. Aucune cheminée ne conduit la fumée qui s'échappe par une ouverture pratiquée dans la toiture.

Un patron sabotier emploie deux ou trois ouvriers sous ses ordres. Ils se partagent la besogne: l'un dégrossit les blocs de hêtre ; l'autre, avec la tarière, évide le sabot, et le troisième le polit, le parachève et le sculpte à la gouge. Bien que les Bretons fassent une consommation formidable de sabots, cette petite industrie nourrit mal son homme. Les sabotiers sont malheureusement obligés d'avoir recours aux intermédiaires, les marchands des bourgs et des petites villes. Quand la hêtraie sur laquelle ils travaillent est consommée, ils se déplacent, démolissent leurs huttes, emportent les matériaux transportables et vont camper ailleurs.

Il faudrait encore parler des potiers et des décorateurs de faïences. Dès le XVe siècle, les poteries bretonnes se répandirent hors de cette province et furent appréciées. Mais la décoration sur émail cru ou émail cuit ne date que du XVIIe siècle. Cinquante années après, les vaisseliers paysans étaient chargés de faïences multicolores d'un goût très sûr. Aujourd'hui encore Quimper fournit des services assez amusants. Mais là, comme partout, le progrès a corrompu l'art spontané des peintres. Sur les assiettes de fabrication récente des bonshommes en bragoubraz et des femmes en vertugadin remplacent les oiseaux, les fleurettes et les coqs jadis stylisés avec goût.

Comment conclure cette esquisse de la vie bretonne ? Après y avoir réfléchi, nous pensons que l'existence de notre vieille province offre surtout de l'originalité par son encadrement, ses sites, son littoral, sa faune et sa flore. En elle-même, l'Armor moderne perpétue, au XXe siècle, la vie d'une vieille province française. Les gens d'Auvergne et du Limousin nous ressemblent, et leur traditionalisme n'est pas très éloigné du nôtre. Jadis les mobiliers de la vieille France se copiaient. On trouve nos lits-clos dans la Savoie.

Les pardons bretons, ces fêtes à la fois religieuses et profanes, évoquent encore le moyen âge tout à la fois mystique et sensuel, dévot et braillard, respectueux et frondeur.

Nous croyons pourtant une originalité certaine aux Bretons. Ils la doivent à la nature de leur sol. Ne sont-ils pas pétris de ses rocs, et de sa glèbe ? Une centralisation à outrance n'amènera jamais la race de nos vaches pie noires à devenir quelque chose de semblable aux bestiaux du Cotentin. Quoiqu'on fasse, et pas davantage, la mentalité d'un armoricain ne s'approchera de celle d'un Montmartrois. Si l'on envoyait des citoyens de Belleville sur les landes morbinanhaises, en trois générations ils deviendraient des Bretons fatalistes, mélancoliques et lents à concevoir.

La vraie force d'un homme lui vient de son terroir. En Armor il est planté dessus, comme un chêne, et il vit de sa substance.

Ainsi donc, même quand la civilisation glorieuse que nous subissons, aura conquis nos derniers signes extérieurs de personnalité, « l'âme bretonne [1] » persistera et, longtemps encore, nos compatriotes penseront et vivront comme des armoricains.

Quand je considère les populations ivrognes et arriérées de certains cantons des Côtes-du-Nord, acquises au chapeau noir et à la redingote, et lorsque je me retourne vers les riches et intelligents

---

1. « L'âme bretonne », j'emprunte ce titre au bel ouvrage de Ch. Le Goffic qui a su faire palpiter magnifiquement toute la pensée de nos compatriotes dans ces pages d'un grand artiste.

habitants de Plougastel-Daoulas et de Pont-l'Abbé, aux costumes versicolores et charmants, je pense qu'un écrivain breton doit souhaiter à sa province une longue vie de beauté et de pittoresque.

IV

LES REBOUTEURS

I

Nos médecins de campagne devront encore subir, pendant de longues années, la concurrence regrettable des paysans rebouteurs. Il n'est pas même certain que l'on puisse jamais empêcher ces médicastres d'exercer leur douteuse industrie et nous en donnerons les raisons. Depuis une quinzaine d'années nous observons, en effet, les opérations de ces chirurgiens de plein air et nous devons constater que leur crédit ne subit aucune atteinte. Les nouvelles générations qui sortent de l'école primaire demeurent fidèles à ces empiriques.

Ce qui paraîtra le plus surprenant, c'est l'indifférence des docteurs vis-à-vis de ces ignorants concurrents.

En Bretagne, autour de chaque chef-lieu de canton, il existe des sorciers-guérisseurs connus de toute la population et les médecins n'essaient pas de gêner leur dangereux commerce. Pourtant il se pratique au clair du jour, sans aucune espèce de déguisement. Il me suffit de me promener sur l'une des routes départementales pour voir passer des chars à bancs conduisant des

malades ou des blessés chez le « rebouteux »
renommé de mon voisinage.

Etendu sur de la paille, et la tête, les bras ou
les jambes sommairement bandés avec de la toile
de chanvre, le patient supporte sans se plaindre
les durs cahots. Si vous interrogez son conducteur,
il vous répondra :

— Je mène le malade chez Paul… ou chez
Mathurin.

Un charlatan champêtre se fait toujours appeler
par son nom de baptême. Et si vous objectez :

— Pourquoi ne le conduisez-vous pas chez le
docteur ?

— Bah ! vous répliquera-t-on, c'est trop coûteux. Mathurin ne prend qu'une pièce de dix sous
et un « ancien » de son espèce en sait bien autant
que le petit jeune médecin.

Chaque après-midi défilent ainsi jusqu'à six et
huit carrioles chargées de cultivateurs souffrant
d'un bras démis, d'une bronchite ou d'une fièvre,
car les maux les plus divers sont merveilleusement
et économiquement soulagés par le rebouteur. Les
médecins, pendant leurs tournées, rencontrent
parfois ces équipages et n'ignorent pas leur destination. Cependant ils ne protestent pas.

Comme j'en demandais la raison, l'un d'eux, le
docteur G***, me fit cette déclaration :

— Voudriez-vous qu'en l'honneur de la médecine je perde ma clientèle ? Quand je suis arrivé
de Paris, dans ce pays, ces pratiques m'ont révolté ;
puis j'y voyais une concurrence dangereuse pour

la santé publique. Alors j'ai sévi ; j'ai adressé des plaintes : un huissier a fait des constats ; les gendarmes ont envahi le logis d'un aubergiste suspect de cumuler le commerce d'eau-de-vie et celui des médicaments et opérations. Pendant deux mois j'ai menacé, poursuivi et obtenu condamnation. Je vivais dans la colère. Je ne dormais plus. Enfin j'avais triomphé de ce méchant rebouteur, mon voisin ! Ah ! bien oui, j'avais vraiment tort de me réjouir. Lorsque le bonhomme eut été condamné à cent francs d'amende et à huit jours de prison avec sursis, il n'y eut qu'un cri de réprobation contre ma personne. Mes premiers clients osèrent me reprocher ma dureté. Ce pauvre Paul rendait service au petit monde. Pourquoi avais-je attaqué ce brave Paul. Cela ne me vaudrait rien de bon de nuire à ce Paul complaisant... Et, en effet, il me fallut deux années de soins, de travaux et de dévouement pour retrouver une clientèle que j'avais effrayée. Puisque ce médecin traduit si facilement en justice Paul, se racontaient les paysans, il pourrait bien nous traîner devant le tribunal pour un arriéré de note. N'allons plus le chercher. C'est un mauvais coucheur.

« Enfin deux, trois, cinq guérisseurs surgirent dans les villages du canton. Fallait-il recommencer avec chacun de ces rustres la guerre que j'avais entreprise contre Paul ? Je ne le crus pas et je fermai les yeux. Que voulez-vous, nous y perdons quelques visites, mais aussi, quelquefois, nous y gagnons d'avoir à réparer les sottises commises par ces ridicules chirurgiens. »

… Ce que le médecin ne m'a pas avoué et ce qui paraîtra le plus invraisemblable, c'est que quelques-uns de ses confrères se font assister dans certaines de leurs opérations par des rebouteurs. Voici quelques années, un docteur de V***, la préfecture, vint chercher lui-même un renoueur réputé, maire de la commune de Berric, afin de réduire la fracture d'une cheville à l'un de ses propres enfants.

J'ai pu rencontrer chez le père d'un médecin, à M***, un rebouteur qui venait soigner son poignet foulé. Comme j'en exprimais ma surprise, ce vieillard à l'esprit cultivé m'assura ironiquement qu'il croyait son fils habile dans les grandes opérations, mais très maladroit pour soigner les bobos.

Ce jour-là, je compris que les paysans guérisseurs pouvaient prospérer en toute sécurité.

II

Comment se recrutent les rebouteurs ? Après en avoir interrogé une vingtaine, hommes et femmes, j'ai pu croire que la fonction était héréditaire. Le fils ou la fille succède au père ou à la mère. Dans chaque paroisse une famille semble prédestinée au reboutage et à la médecine. Les guérisseurs affirment presque toujours qu'ils ont hérité d'un « grimoire » où sont consignées des formules étonnantes contre toutes les maladies. Une seule fois il nous fut donné de mettre la main sur l'un de ces vénérables ouvrages. L'ayant ouvert, nous reconnûmes un livre de plain-chant, sans doute volé dans une église pendant la Révolution. Très sérieusement, sa propriétaire, une veuve Lemouée, affectait d'y découvrir ses recettes devant ses clients illettrés. Quelques rebouteurs possèdent des livres où leurs ascendants ont consigné leurs observations. J'ai eu l'occasion de feuilleter l'un de ces cahiers. Il avait été écrit par le grand-père du possesseur, continué par son père et annoté par lui-même. Les renseignements utiles y étaient d'une indigence extrême ; par contre, nous en extrairons quelques remèdes bizarres d'un usage courant dans le Morbihan.

Les « rebouteux » sont en général des personnages plus recommandables que les sorciers-guérisseurs. Ils doivent observer et pratiquer de longues années pour obtenir une certaine habileté. Aussi simples que soient les paysans, ils ne tarderaient pas à se détourner d'un renoueur maladroit qui les estropierait. Il faut même convenir que certains de ces chirurgiens villageois jouissent d'une adresse opératoire incontestable et savent remettre une épaule ou une cheville en place avec une élégance que leur envierait un praticien patenté. Grands observateurs comme tous les paysans, depuis leur enfance ces hommes de tradition ont vu opérer leur père, l'ont aidé, se sont eux-mêmes exercés et sont arrivés peu à peu, par l'expérience, à une certaine connaissance des articulations. Ajoutez à cette science rudimentaire une foi naïve dans leur habileté et l'audace des ignorants ; il n'en faut pas davantage pour réussir parfois des opérations hasardeuses. Et lorsque le patient est « rebouté » de travers, il en est quitte pour s'adresser au docteur.

... La fatuité de quelques-uns de ces campagnards est quelquefois délicieuse. A cet égard l'histoire du rebouteur de Limerzel J***, mérite d'être rapportée. J*** se flattait de connaître beaucoup mieux l'ostéologie qu'un chirurgien de la Faculté. Il en était même si persuadé qu'il sculpta au couteau, dans du bois, un squelette démontable avec attaches en fil de fer. L'année suivante, c'était en 1900, il partit avec son squelette de peuplier pour l'Exposition en déclarant qu'il allait éprouver la science des chirurgiens de Paris. Il l'exhiba dans une baraque et voici le discours qu'il tenait au public :

— Je vais démonter ce squelette, en brouiller les pièces et je défie un médecin, s'il s'en trouve dans l'assistance, de remettre ces os à leur place.

Quelquefois un farceur se donnait au rebouteur pour un docteur fameux et s'efforçait de reconstituer le squelette. Naturellement il n'y parvenait point, parce que la charpente osseuse imaginée par J*** dépassait en fantaisie toutes les lois de l'anatomie. Lorsque ce brave homme s'en revint à Limerzel, il raconta fièrement qu'aucun des savants parisiens provoqués par lui n'avait réussi à remonter son squelette. Donc, c'étaient des ignorants.

III

Les rebouteurs exercent leur industrie à domicile ou bien, les jours de foire, ils s'installent chez des aubergistes, leurs compères. Jamais ils ne se rendent chez les blessés afin d'éviter des surprises, car de temps à autre, le parquet, sur une dénonciation, informe contre ces médicastres. Il s'agit donc d'opérer à l'abri des malintentionnés.

Presque tous ces guérisseurs cumulent cette fonction avec celle de jardiniers, débitants ou petits épiciers. Ainsi les visites qui leur sont faites par leurs clients mélangés ne sauraient être suspectées.

Un homme entre dans la boutique, demande du sel ou un verre de vin, puis il avoue son mal, et passe dans une seconde salle où on l'opère, tandis que la femme du rebouteur monte la garde devant le comptoir.

Un petit propriétaire des environs de Pluméléc, célèbre guérisseur, défie toutes les poursuites en affirmant qu'il soigne pour l'amour de l'humanité et qu'il ne se fait jamais payer. Il prononça un jour cette belle parole en ma présence :

— Quand on ne possède que son corps pour gagner son pain, c'est être trop malheureux d'en souffrir.

Malheureusement, quelques instants après, je

surpris ce philanthrope la paume remplie des gros sous donnés par un valet soigné de son torticolis. Il est vrai qu'il ne demande rien, mais il accepte ce qu'on veut bien lui donner.

Lorsqu'une grande foire est annoncée dans un chef-lieu de canton, le rebouteur, assuré de la complicité d'un aubergiste intéressé à remplir son débit de buveurs valides ou infirmes, loue pour la journée une chambre du premier étage. Les malades sauront le découvrir. Ils entreront dans l'auberge et, après avoir bu leur « bolée », d'un clin d'œil ils interrogeront l'hôtelier. Un signe de tête et ils comprennent ; les voilà qui escaladent l'escalier.

Au marché de Muzillac j'ai obtenu la grande faveur d'assister à une séance de reboutage. Après m'avoir fait jurer que je ne le trahirais pas, le chirurgien rustique, A. G***, large et gros homme à visage de Père éternel, voulut bien m'accepter comme disciple, car je me déclarais très curieux de le voir travailler.

On frappa à la porte de la salle de consultation improvisée ; il ouvrit et un marin entra appuyé sur deux cannes.

— De quoi souffrez-vous ?

— Voilà ! un tonneau de rogue m'est tombé sur le pied. Voyez comme il est enflé.

— Etendez-vous sur ce banc.

En un tour de main A. G*** dénoua le foulard entortillé sur la cheville, puis il la tâta en y enfonçant ses index à droite et à gauche. Soudain il saisit le talon et les doigts de pied et je le vis esquisser un mouvement de rotation ; le patient hurla qu'on voulait sa mort.

— Chut ! Tais-toi ! C'est fini. Tu es renoué.

— Combien dois-je ?

— Dix sous... Merci, et à la prochaine.

Le sardinier ahuri s'éloigna en clopinant sans oser appuyer encore sur la plante endolorie.

On heurtait déjà l'huis. Une paysanne apportait dans ses bras un garçonnet.

— Qu'est-ce qu'il y a ?

— Je ne sais point. Il ne peut plus marcher.

— Parbleu ! s'exclama A. G*** après avoir palpé, la jambe est cassée !

— Jésus ! mon Dieu ! gémit la mère tout à coup pleurante.

— Allons ! la mère, du silence ; ce n'est pas vous qui souffrez.

Le rebouteur prit du vinaigre et frotta le tibia sans se soucier des cris de l'enfant. Je le vis ensuite enlever un vieil almanach de la cheminée, le rompre et en former une sorte de gouttière. Il coupa un morceau de beurre, enduisit grassement le carton, appliqua l'appareil sur la jambe et ficela avec des cordons de soulier.

— Et vous m'avez bien compris, la mère, tenez votre gars couché et s'il brait, laissez-le braire, mais n'enlevez pas cet appareil avant un mois.

— Combien c'est-y ?

— A votre convenance.

Sou par sou, la fermière compta un franc et

s'éloigna avec son blessé. Elle n'avait pas encore quitté le palier, qu'un laboureur se présenta. La douleur l'hébétait. Un de ses bras restait collé à son flanc.

A. G*** n'eut pas besoin de le questionner. Se penchant par la fenêtre, il appela :

— Ohé ! du monde. Trois hommes de bonne volonté.

L'aubergiste et deux ouvriers se présentèrent.

— Ah ! ah ! me dit le rebouteur, vous avez de la chance ; vous allez assister à une belle opération. Assieds-toi sur cette chaise, commanda-t-il au laboureur.

Habilement A. G*** lui enleva sa veste et sa chemise. Lorsque le patient eut le torse nu, il lui plaça une grosse boule de drap sous l'aisselle. Un torchon fut mis autour du thorax et ses bouts tenus et tirés fortement par le débitant.

— Quant à vous, les amis, fit A. G*** en s'adressant aux ouvriers, empoignez-moi le bras de cet estropié et vous le halerez de toutes vos forces quand je l'ordonnerai.

De ses mains et du poids de son corps le rebouteur appuya sur l'épaule du blessé et cria :

— Allez-y ! Du courage à tous.

Le malheureux cultivateur jeta une clameur épouvantable et j'entendis un craquement.

— Fini, dit A. G*** satisfait. Encore un de rhabillé !

— Combien que je dois ? murmura l'opéré abruti.

— Dix sous, plus la goutte aux aides.

Il me fut encore donné de voir extirper la taie d'un œil par une spécialiste, Julienne L***, petite bonne femme futée. La fillette atteinte de ce mal fut maintenue serrée entre les genoux de sa mère. Julienne prit une plume de poulet, la mouilla de sa salive et frotta cet instrument primitif sur la cornée de l'enfant. Un morceau de la taie céda, mais le reste de la tache blanche s'obstina à demeurer sur l'œil. L'opérée braillait de douleur.

— Je reviendrai, assura Julienne L*** et j'enlèverai le reste de cette moisissure.

La dyspepsie est soignée par un procédé magique. Une vieille femme, la Glonais, m'en offrit le spectacle. Des ouvriers des Forges de la Loire et des charbonniers de Saint-Nazaire avaient cotume de s'en remettre aux soins de cette sorcière lorsqu'ils souffraient de mauvaises digestions. La Glonais grattait le sol de terre battue de sa salle à l'endroit où le prêtre avait jeté de l'eau bénite. Il convient d'expliquer que, chaque fois qu'une maison est construite en Bretagne, un vicaire vient lui donner la bénédiction en aspergeant son sol avec le goupillon. Les parties d'argile touchées par les gouttes acquièrent des propriétés médicinales prodigieuses. La guérisseuse en mit une poignée dans une poêle qu'elle fit chauffer sur un feu de fagots. Cette terre jetée brûlante dans un sachet de toile forma un cataplasme qu'elle appliqua sur l'estomac du dyspeptique. L'un de ces portefaix m'affirma sérieusement qu'il en ressentait un grand bien-être. Parfois la Glonais guérit les bronchites avec une sorte de bouillie obtenue en faisant cuire du gouet. Elle en barbouille la poitrine de l'enrhumée. Ce jus d'herbe produit un peu l'action de l'iode.

IV

Nous avons copié quelques formules dans le cahier de notes d'un rebouteur. Elles feront connaître sa pharmacopée simpliste :

... On fait cicatriser les coupures en les entourant de toile d'araignée. L'amadou rend les mêmes services.

... On arrête les saignements de nez en plaçant sur la nuque l'herbe de gouet.

... L'herbe mille-feuilles fait saigner les muqueuses.

... Les migraines sont guéries avec de la mie de pain trempée dans du vinaigre et placée dans un bandeau entourant le front. La feuille du chou-lisette, enduite de saindoux, remplit le même office.

... En cas d'anémie, faites infuser dans du vin blanc de l'hysope et du myrte. Le malade boira un verre avant chaque repas.

... Les rhumatismes seront frictionnés avec de l'herbe-au-crapaud et de la verveine pilées ensemble.

... Les yeux faibles seront affermis avec la liqueur obtenue d'un escargot crevé avec une épingle au-dessus des prunelles du malade.

... Le jus de carotte combat la jaunisse, et le lait

de jument fait disparaître la coqueluche chez les enfants.

... La tisane de menthe poivrée est recommandée en cas d'asthme.

... Les maux d'oreilles sont adoucis avec la poudre obtenue de l'écorce d'un frêne.

... Pilez de l'ail et du poivre dans un morceau de mousseline et mâchez cette préparation si vous souffrez des dents.

Lorsqu'un médecin n'a pu guérir une maladie devenue chronique chez un paysan rebelle à l'hygiène, le malade s'adresse au rebouteur le plus convaincu de magie. Un remède encore journellement proposé pour l'entérite, consiste à se frotter le ventre avec des pierres provenant d'une chapelle de Saint-Etienne.

A Plumergat, un sorcier détient des cailloux de quartz qui ont la fabuleuse propriété d'anéantir les névralgies au premier contact.

A Belz, un rebouteur étend les sourds dans une auge antique et les y maintient de longues heures. Placé sur un promontoire, ce bassin reçoit les vibrations de l'Océan et les malades, en les percevant, croient à l'amélioration de leur ouïe.

A Baud, un guérisseur conduit les fiévreux à une fontaine, les masse avec un sable de sa composition et leur fait revêtir une chemise trempée dans l'eau.

Nous avons souvent approché de ces sorciers. Presque toujours leur intelligence dépasse celle des paysans de leur commune. Paraphrasant le vers de Voltaire, on peut assurer que « la crédulité des villageois fait toute leur science ». Néanmoins il est juste de reconnaître à certains rebouteurs une habileté opératoire incontestable. Les foulures et les bras démis sont souvent renoués par eux avec une adresse à laquelle les médecins eux-mêmes rendent hommage. Malheureusement, lorsqu'ils se mêlent de réduire une fracture, ils aboutissent trop souvent à des résultats lamentables, estropiant chaque année un certain nombre de cultivateurs.

Quant aux cures magiques des guérisseurs, elles constituent un vrai fléau pour nos campagnes. En cas de fluxion de poitrine, d'entérite, de bronchite, d'asthme, les familles n'ont recours au docteur qu'à la dernière extrémité, lorsque le malade est devenu presque incurable.

Et comme je le reprochais à des journaliers, ils me firent cette réponse :

— Nous gagnons à peine deux francs par jour et nous devons vivre quatre personnes sur ce salaire. Comment voulez-vous qu'avec le tarif kilométrique appliqué par les docteurs nous puissions réclamer leurs soins. Vingt kilomètres, aller et retour, de notre maison à la ville, cela fait dix francs plus vingt sous de visite, total : onze francs. Nous ne pourrions pas payer. Tandis qu'avec cinquante centimes le rebouteur du hameau nous conseille.

Cette déclaration a fait éclater à nos yeux un mal évident. Il faudrait que l'assistance médicale ne soit plus un leurre dans nos campagnes. Le pays tout entier est intéressé à l'état valide des populations. D'ailleurs la médecine devrait être préventive. Chaque canton pourrait avoir son docteur régional payé par l'Etat ou le département au même titre qu'il possède un percepteur ou un receveur de l'enregistrement. Et, pour une fois, nous serions tous d'accord sur l'utilité de ce nouveau fonctionnaire. Dans les campagnes, en l'état actuel, on ne peut pas dire que les pauvres gens soient soignés ni gratuitement, ni surtout avec diligence. On n'en saurait adresser aucun reproche à des médecins dévoués, mais surmenés par une profession épuisante et souvent peu rémunérée.

La disparition des médicastres, renoueurs et sorciers ne sera certaine qu'avec l'organisation de ce nouveau régime du service de santé devenu fonction d'Etat.

V

MAGICIENS ET SORCIERS

Le crédit des magiciens, enchanteurs, voueurs et autres sorciers et devins campagnards tend à diminuer.

Avant que ces survivants du moyen âge disparaissent, il peut être intéressant de décrire leurs fonctions magiques.

Les citadins auraient, d'ailleurs, mauvaise grâce à rire de ces villageois, quand les somnambules extralucides, les prétendus fakirs indous, les ange-Gabriel incarnés sont écoutés par la population des villes.

Fait surprenant, depuis quelques années certains grands journaux voient s'insinuer dans leurs annonces des réclames singulières, où des Roumains, des cartomanciennes et des spirites exotiques prétendent nous dévoiler notre destinée ou la corriger moyennant finances.

Soyons donc modestes et examinons avec un scepticisme bienveillant les sortilèges des humbles sorciers de nos campagnes.

... On a remarqué que les divers climats de nos provinces ont une grande influence sur le nombre et la qualité des magiciens villageois.

En Normandie, en Bretagne, en Vendée, dans

le Limousin et le Rouergue, le paysage se fait le complice de l'atmosphère brumeuse pendant plusieurs mois pour prêter aux arbres, aux chemins creux, aux logis, aux animaux et aux êtres, des formes fantastiques..

Les paysans attardés, qui voient des chênes à silhouettes de géants hargneux ou des chiens à mines de bêtes inconnues, ne sont pas éloignés de croire aux revenants, aux fantômes et, par conséquent, au monde des esprits bienfaisants ou malfaisants.

C'est dans l'observation de ces faits qu'il faut chercher l'origine de la nécromancie.

Les premiers sorciers rustiques ont été des laboureurs mystiques qui croyaient eux-mêmes à la réalité de ces visions et essayaient d'en donner des explications satisfaisantes à leurs voisins.

Leur esprit s'exerça d'abord sur les *intersignes*. Un paysan remarque-t-il une sorte de main tracée sur sa porte, vite il court chez le « devineur ». Celui-ci examine, et, si les cinq doigts sont bien marqués, il déclare que c'est signe de bonheur ; mais si, par malheur, le pouce ou le petit doigt ne sont pas indiqués, il y aura un malheur dans la famille. L'annulaire, très développé, annonce une naissance.

Lorsqu'un héritier impatient veut savoir si son vieil oncle mourra bientôt, « le devineur » fabriquera un petit cerceau avec une brindille de coudrier et le posera sur une eau courante. Si le bois coule, le sorcier dira :

— Tu hériteras, mon gars.

Les devins de village prédisent aussi l'avenir par un singulier moyen. Ils mettent des pois dans une poêle posée sur le feu. Presque aussitôt, les graines se mettent à sauter, et suivant la façon dont elles crépiteront, le magicien s'écriera :

— J'aperçois un deuil. Et voilà une naissance nouvelle. Une pièce de terre agrandira ta ferme. Ta châtaigneraie te rapportera gros. Défie-toi d'un ami, tiens, celui-ci qui bondit si bien sur le feu ! Il te trahira.

Ce langage confus laisse généralement dans le trouble le naïf consultant.

Si dans le Limousin des sorciers vendent des amulettes contre le mauvais sort, en Bretagne, leurs confrères fabriquent des sachets fort dangereux pour la personne qui les porte. Un cultivateur veut-il se venger d'une personne avec laquelle il est en contestation, il se fera confectionner une petite *bougette* de toile renfermant les ingrédients les plus hétéroclites. Le tribunal de Morlaix ayant eu à juger une de ces affaires ridicules, on trouva sur la victime, cousus dans la doublure de sa veste, des grains de sel, de la cire vierge, une araignée, de la rognure d'ongles et de la terre qui, paraît-il, avait été ramassée dans un cimetière !

Le plus intéressant, c'est que le paysan *voué* tomba sérieusement malade par imagination. Les *voueurs* semblent être les plus malfaisants des sorciers campagnards.

Depuis le moyen âge, beaucoup de villageois

crédules croient à l'envoûtement. Ils sont persuadés que certains vieillards possèdent le pouvoir de faire mourir, d'estropier ou de ruiner les gens. Actuellement, les jeteurs de sort abondent encore dans nos campagnes.

Il est si commode d'expliquer par leur néfaste intervention la maladie des troupeaux, l'incendie des meules, la mévente des céréales, un accident, la sécheresse ou l'inondation, que certainement ces magiciens dureront encore longtemps.

Le plus redoutable d'entre eux, c'est le « voueur » qui, par autosuggestion, persuade à un innocent paysan qu'il doit mourir à une date fixée. Dans le Trégorrois, la croyance aux vœux diaboliques était tellement enracinée qu'un certain nombre de drames mystérieux ont causé le trépas de « voués », plus tenaces eux-mêmes dans la conviction qu'ils devaient mourir que les magiciens qui les condamnaient.

Souvent, l'envoûtement devient une sorte de justice sacrée en Bretagne. Un fermier croit-il avoir à se plaindre gravement d'un cultivateur de son voisinage, il l'appelle devant le tribunal de saint Yves et il prononce à peu près ces paroles :

— Saint Yves, je déclare que cet homme m'a trahi. Sois juge entre nous. Que le coupable meure !

La rumeur publique ne tarde pas à faire savoir au « voué » qu'il est appelé à comparaître devant le tribunal du céleste avocat et, si sa conscience est trouble, il commence à éprouver les affres de ce jugement. Souvent, il ira trouver son adversaire et lui proposera un arrangement. S'il s'entête, au contraire, à garder le bien mal acquis, saint Yves l'enverra bientôt aux enfers.

Nous voudrions maintenant vous entretenir de quelques types morbihannais qui ne seront bientôt plus qu'un souvenir.

Les villageois qui ont essayé d'expliquer toutes les maladies par des causes surnaturelles, car ils ne pouvaient admettre la légitimité des maux physiques qui accablent des innocents, affirment que les névralgies si fréquentes sont dues à la malignité de l'*entêteur*. Celui-ci ou celles-ci, car les vieilles femmes excellent à entêter les personnes avec lesquelles elles se sont querellées, opèrent de la façon suivante. Quand ils croient que leur victime est rentrée dans son logis, ils se mettent près de la muraille la plus rapprochée du lit, appuient leur front contre les pierres, écartent leurs bras et font une oraison infernale dont il nous est impossible de rapporter les termes, car ils sont si confus que les « entêteurs » y perdent eux-mêmes leur latin.

Si pendant cette opération « l'entêteur » est aperçu par un passant, celui-ci se signera et le sort s'évanouira.

En vain le sorcier maintiendra-t-il sa tête contre le mur, son pouvoir est *coupé*.

L'enchanteur-au-grimoire est une des figures les plus curieuses de nos campagnes.

Jadis, les cultivateurs s'imaginaient que leurs recteurs possédaient tous « un grimoire », c'est-à-dire un manuscrit antique écrit dans une langue mystérieuse que, seul, le prêtre savait déchiffrer.

Or, pendant la Révolution, un certain nombre de ces grimoires auraient été volés et des familles posséderaient encore maintenant ces précieux ouvrages.

Elles ont appris à les lire et elles y ont trouvé des recettes extraordinaires qui leur permettent, par exemple, d'arrêter une voiture sur une route en palier, d'hébéter un enfant intelligent, de prédire la destinée, de forcer les récoltes productives, de se faire aimer, de jeter par terre l'homme le plus robuste, ou de réussir dans toutes ses entreprises.

Nous vous laissons à penser si le possesseur d'un pareil « grimoire » est sollicité par les bonnes gens de son hameau. Lorsque les indiscrets sont occupés aux champs, on se rend à la dérobée chez l'enchanteur, et là, on lui pose des questions qu'il transcrit sur des morceaux de papier. Il se détourne ensuite et, sans regarder son livre, il l'ouvre au hasard, et place entre les feuilles, comme des signets, les lignes écrites.

Ensuite il prend son grimoire, le rouvre aux pages indiquées, prend une baguette et lit en psalmodiant avec une certaine solennité afin de donner à l'avertissement toute sa valeur.

Ces enchanteurs rusés, grâce à ce cérémonial,

prennent le temps de préparer leurs réponses et ils ébahissent leurs clients avec leur langage sybillique, aux mots à double entente, ce qui leur permet toujours d'avoir raison dans l'avenir.

Un personnage peu estimé malgré l'importance de ses fonctions c'est « le leveur d'or ». A tort ou à raison, dans presque toutes les communes de Bretagne, la tradition veut qu'à l'époque d'une ancienne guerre, les seigneurs du pays aient enfoui dans le sol une partie de leur fortune. Il s'agit de la retrouver. Beaucoup de cultivateurs, en charruant, s'attendent à trouver la poterie ou bien la cassette aux écus et, en effet, parfois le coultre frappe un vase renfermant des pièces.

Il n'en faut pas davantage pour révolutionner les plus sages. Ils se rendent, la nuit venue, chez « le leveur d'or ». Généralement c'est un vieil homme. Il vit solitaire dans une chaumière construite auprès des ruines d'un château. Depuis de longues années il remue les pierres, s'insinue dans les souterrains et ne répond jamais lorsqu'on lui demande :

— Eh ! Jean ! As-tu trouvé le trésor ?

Les campagnards en déduisent que le vieux gaillard a su rencontrer les richesses, mais qu'il se garde bien de l'avouer afin de se garer des voleurs.

... *Le leveur d'or* écoute les confidences de son client. Celui-ci lui raconte qu'il a ouï-dire à son grand-père qu'un gentilhomme avait enfoui dans le bas du pré un coffre enfermant mille louis d'or des armes et des chandeliers en argent massif. Il s'agit de les retrouver.

— C'est bon, répond le leveur, j'en fais mon affaire. Tu vas commencer à jeûner, et à faire une tranchée autour de l'endroit que tu me désignes. Moi je chausserai des gants en peau de chien. Tu m'amèneras un de tes bœufs avec une longe que je passerai sous la malle. Seulement, je te préviens, ta bête mourra dans l'année.

Le paysan acquiesce. Il n'ignore pas, en effet, que l'homme ou l'animal qui retire un semblable trésor, est condamné à disparaître. Voilà pourquoi le « leveur d'or » se sert du subterfuge d'un bœuf.

Bien entendu, les louis d'or resteront invisibles, mais le sorcier accusera une défaillance de son client : il n'avait pas jeûné ou bien son renseignement était inexact. Quelques-uns de ces magiciens jouissent cependant d'une grande réputation, lorsqu'un hasard heureux leur permet de découvrir un amas d'argent. Dans le pays de Vannes, l'un d'entre eux annonçait qu'on trouverait, dans la toiture de chaume d'un vieux logis, une forte somme. Quand la maison fut démolie, les ouvriers virent en effet tomber sur le sol une volée de pièces aux effigies de Louis XIII et de Louis XIV. Le *leveur* triompha. Une semblable histoire fait le tour d'une province et la crédulité publique s'en accroît.

L'écouteuse des morts, autre type de sorcière, mérite qu'on la note au passage. Dans les régions où le culte des défunts est très vif, il se présente quelquefois aux parents une vieille femme courbée et ridée dont le grave visage inspire confiance. Cette paysanne s'appuie sur un bâton d'épine blanche et porte dans un bissac quelques cailloux utiles à sa profession. Elle annonce aux enfants qui ont perdu récemment leur père qu'elle peut entrer en relations avec le trépassé et lui poser telles questions qu'on voudra. Elle écoutera les réponses et les rapportera soigneusement.

A cette pensée, les villageois, tout à la fois épouvantés et reconnaissants, chargent l'écouteuse de se rendre au cimetière et de demander au défunt ses conseils au sujet d'un mariage et de l'achat d'une pièce de terre.

— C'est bien, répond la magicienne en communication avec les esprits, avant vingt-quatre heures vous serez renseignés.

... Elle se rend sur la tombe, s'agenouille, paraît prier et sort enfin deux petites pierres blanches avec lesquelles elle cogne la dalle en s'écriant :

— Père ! père ! m'entendez-vous ?

Ensuite, elle colle son oreille sur le tombeau, paraît écouter et s'en revient annoncer aux enfants que le défunt défend le mariage, mais les engage à l'acquisition du champ.

Ces écouteuses se recrutent parmi les commères les plus intelligentes du pays. Souvent, elles ont connu le décédé et elles sont au courant de tous les secrets de la famille, aussi savent-elles parler avec beaucoup de sens au nom du père.

Une sorcière détestable, la terreur des métairies, c'est *la soutireuse de lait*.

La croyance au pouvoir de certaines vieilles femmes d'empêcher les vaches de donner leur lait est encore répandue dans nos provinces, et aussi bien en Savoie qu'en Bretagne, dans le Roussillon qu'en Flandre. Il faut remarquer que les soutireuses ne possèdent jamais de troupeau. Elles sont ainsi à l'abri des représailles. Ces paysannes viennent mendier du beurre et du lait dans les fermes et, si on leur refuse, elles cachent leur tête sous leur tablier. La fermière terrifiée devine que, par ce geste, la sorcière lui signifie qu'elle soutirera le lait de ses vaches et que, bon gré mal gré, elle en prendra son content. Le pire, c'est que les bêtes soient frappées de stérilité au moyen d'incantations sur lesquelles ces vieilles se gardent bien d'insister. Une de ces magiciennes, appelée la Congresse, dans le Finistère, où elle exerce sa détestable industrie, pose les mains sur le dos d'une vache et c'en est fait de la meilleure laitière.

Dorénavant, ce sera un animal bon pour la boucherie.

Il y a une dizaine d'années, vivait encore une sorcière, connue sous le surnom de Jiap-Jiap. Cette paysanne avait inventé une manière originale de nuire à son prochain. Elle l'obligeait à faire un mauvais pas qui lui communiquait tout aussitôt un rhumatisme ou mieux encore lui donnait une entorse ou lui cassait la jambe. A chaque laboureur qui se plaignait de douleurs, elle laissait entendre

qu'il avait été victime d'une machination semblable. Elle opérait de la façon la plus simple.
Avant le lever du soleil, elle arrivait devant la
maison de la personne visée, avec un panier rempli
de terre mélangée de feuilles et de coquillages.
Avec ce mélange répandu sur le sol, elle faisait
un minuscule rempart qui ressemblait aux constructions des enfants de nos plages. Si, par malheur, le paysan qu'elle voulait atteindre posait par
mégarde le pied sur cette levée d'argile cabalis-
tique, c'en était fait de sa santé : rhumatismes,
foulures, le menaçaient. Quand l'homme était
assez avisé pour franchir le petit obstacle sans le
toucher, il pouvait se rire de la sorcière.

... Les jeunes gens qui veulent se marier contre
le gré le leurs parents recourent aux sortilèges des
magiciens villageois, qui « enchantent » les parents
et les obligent à donner leur consentement.

Il y a encore une autre manière de procéder. Le
jeune homme et la jeune fille vont superposer
leurs mains contre le tronc d'un arbre et la sorcière vient les toucher avec son bâton en s'écriant :

— Aussi longtemps que cet arbre tiendra debout,
aussi longtemps votre amour durera.

Et, c'est au moins ce que l'on nous a raconté,
lorsque les familles apprennent cet événement,
jugeant l'union de leurs enfants impossible à
rompre, elles acceptent de les conduire à la mairie
et à l'église.

Les jeunes gens curieux de savoir quel visage
aura leur fiancée réclament à la sorcière de leur

bourg l'épreuve du portrait dans l'eau. On apporte un seau de bois rempli de liquide à moitié seulement et, s'étant agenouillé, le garçon observe et déclare bientôt qu'il reconnaît une figure confuse.

— Regarde bien, car celle que tu épouseras aura ce visage, répond la magicienne.

Il y a quelques années, un de ces seaux fut trouvé dans une masure, après la mort de sa propriétaire. Elle l'avait truqué en encastrant un miroir rond dans son fond. Elle versait de l'eau rougie et, grâce à ces subterfuges, la physionomie de la personne changeait assez pour qu'un naïf petit villageois pût reconnaître une jolie fille dans son propre visage. De même les jeunes paysannes se rendent chez des commères qui allument deux chandelles de résine au-dessus d'un petit miroir. Les reflets produisent une vague image qui est censée représenter le visage du futur épouseur.

Dans la commune de Josselin il existe des puits qui parlent et renseignent très exactement un homme embarrassé, seulement il faut savoir interpréter le langage du rouleau de bois frottant dans le mur contre ses supports.

Il est donc nécessaire de s'adresser à un vieux solitaire accoutumé à comprendre le langage des oiseaux, des bêtes et des choses. Tandis que le consultant fait tourner le rouleau, le sorcier note la musique produite et il en déduit la joie ou le malheur.

Nous l'avons déclaré au commencement de cette

étude sur la sorcellerie villageoise, les magiciens meurent et ne sont plus guère remplacés. Dans quelques générations, les cultivateurs auront peine à admettre que leurs aïeux vivaient dans un monde de fantasmagorie où les faits les plus naturels prenaient, grâce à l'interprétation intéressée des sorciers, des significations redoutables.

VI

LE CULTE DE LA MORT

Novembre inaugure la série des Miz-duz (des mois noirs) et le ciel, tout gros de larmes, commence de pleurer, pleurer, sur les pauvres morts couchés dans la glèbe, d'un bord à l'autre du pays de la fin des terres. Alors, les paysans bretons, reposés des travaux de l'été qui les ont distraits de leur piété, songent aux trépassés. Le soleil s'est caché jusqu'au printemps ; la douce nuit poétique de l'hiver armoricain commence d'obscurcir les champs des vivants et les champs des morts. Revêtus d'habits couleur des tristes nuées, les pères, les mères et leurs enfants vont fêter la Toussaint et les ancêtres.

La Bretagne est la terre du souvenir. Emergé le premier des océans, son sol est le plus vieux du monde ; aussi les Armoricains, en se retournant vers le passé, sont accablés par la suite incommensurable des siècles.

Jadis les Celtes, prédécesseurs des Bretons insulaires, ont semé le territoire de dolmens, de menhirs, de tumulus, ces premières tombes colossales, à n'en point douter aujourd'hui. Les Cornouaillais d'Angleterre et les Irlandais, lorsqu'ils vinrent peupler l'Armor, trouvèrent ces marques

8

du respect aux aïeux, plantées formidablement dans la lande. Et ils vénérèrent ces pierres par lesquelles les premiers hommes perpétuaient leurs images géantes dans la pensée de leurs descendants.

Le culte de la mort, tel qu'il se pratique en Bretagne, est un fait unique en France. Sans doute, au moyen âge, les ossuaires et les chapelles funéraires furent connus, mais jamais autant qu'en Arvor on n'eut une si haute idée du culte dû aux morts.

Dans le Finistère, un arc de triomphe recevait au seuil du cimetière le trépassé qu'un tombeau durable, de lourd granit gravé, indiquait ensuite.

Plus tard, une chapelle reliquaire, richement ornée, couvrait les os de sa protection auguste.

Ernest Renan, qui est né dans le Trégorrois, où la vénération pour les disparus fut élevée à la hauteur d'une religion particulière, aimait à répéter que « le culte des ancêtres était la loi des hommes de progrès ».

Il est du reste facile de constater que le respect aux ancêtres n'a pas nui au développement intellectuel de cette population, la plus intelligente de l'Armorique.

Il était une coutume touchante autrefois ; le cimetière, qu'on tend à éloigner de nos jours pour le rejeter assez loin dans les faubourgs, était toujours placé autour de l'église, et les maisons notables du village formaient la ronde autour de son enceinte.

Les ancêtres restaient ainsi sous les yeux et présents dans les cœurs.

Ils vivaient presque de l'existence familière du village, bercés de tintements de cloches, de chants liturgiques, de bruits de carrioles, de chocs d'outils, d'appels, de rires ou de pleurs, de toute la vie enfin, et leurs descendants gardaient un souvenir éveillé à ces défunts qui les entendaient, les voyaient, les jugeaient, les attendaient.

… Parcourez les paroisses rurales du Morbihan, du Finistère, des Côtes-du-Nord, toujours vous trouverez cette immuable disposition qui faisait converger les regards vers l'église avec ses trépassés.

La tendressse et une nécessité harmonieuse pour cette race triste comme son ciel hivernal, mais pleine de rêves à l'image de ses nuées subtiles, voiles de crêpe épandus sur un au-delà qui s'agite, remue et souffre.

Quand les apôtres irlandais vinrent évangéliser les Celtes, ces sauvages sentimentaux, ils spiritualisèrent en eux leur religion aux défunts et apportèrent, avec le trouble des enfers, des espérances de jardins de Paradis remplis de buissons blancs et d'oiseaux chanteurs qu'on écoute sans se lasser jamais. La mort devint alors une douceur, et l'on créa des allées fleuries pour y coucher les morts à l'ombre des croix.

Une première visite à ces jardins pour les trépassés émeut singulièrement.

Ici, rien de la froide ordonnance des nécropoles ;

pas d'avenues rectilignes, mais un verger imprévu, avec des pommiers, des cascades de plantes, des ruissellements de corolles multicolores, des élans d'arbustes, de rosiers grimpants et de toutes les essences qu'une piété attendrie sema comme des regrets parfumés sur la terre. On n'y aperçoit guère la pierre dure et froide comme des os. Nos pères aimaient à s'entourer de ce plus grand charme, les fleurs, et associer l'éphémère à l'éternel.

Avaient-ils tort de préférer les roses aux quincailleries vernies, tournées en couronnes économiques, qu'on accroche aujourd'hui aux mausolées ?

Toute la délicatesse et l'infini qui sont dans la mort ne s'accommodaient-ils pas mieux de ces jardins un peu aventureux où l'attention de chaque famille semait des graines disparates, afin de vêtir d'un manteau de gloire les pauvres paysans.

Des touristes superficiels ont pu croire à l'irrespect, lorsqu'ils ont vu, à la sortie des messes, des familles s'asseoir sur les tombes ou deviser de leurs affaires dans ce lieu sacré.

N'est-ce pas là qu'en Bretagne, après les offices, le crieur public annonce les ventes, et contre son muret d'enceinte que les marchands montent leurs tréteaux ?

Il n'est pas exagéré de dire que les actes importants de la vie paysanne tiennent leurs assises près du cimetière et que si les morts ont des yeux, ils voient tout ; et s'ils ont des oreilles, ils entendent tout.

Comment, dans ces conditions, nos bonnes gens ne se familiariseraient-ils pas avec l'idée du trépas ? Ils s'asseoient donc sur les pierres tombales et obscurément, les yeux dans l'infini, ils goûteront l'amer plaisir de rêver quelquefois à leur propre fin.

Je citerai parmi les cimetières jardins m'ayant frappé par leur caractère de profonde intimité, l'humble petit champ de Bourg-Paul, en surplomb sur une colline qui lui permet de voir cet horizon qui soupire, la mer, tandis qu'au premier plan, les chaumines d'or fument vers le ciel.

Lorsqu'on remonte vers le nord et les brumes de la Manche, la pierre reparaît et domine au pays de Léon. Là, le culte aux ancêtres revêt une forme exclusive et âpre, et à Saint-Thégonnec, par exemple, on marche sur les tombes enchâssées à fleur de sol.

Il ne faut pas oublier qu'une chapelle pour les morts, merveille de grâce, et un arc de triomphe afin qu'ils entrent glorieusement dans l'éternité, ont été élevés en leur honneur dans cette paroisse.

La caractéristique des cimetières morbihannais, c'est leur bonhomie souriante, leur laisser-aller parmi les plantes, les herbes et les arbres. J'ai vu celui de Guehenno et son vieil ossuaire de pierres ocrées et verdies, éclairés par la fraîche lumière de l'aube. En arrière du reliquaire, des fougères géantes et des genêts envahissent ce cimetière campagnard redevenu champ et bois avec ses chênes et ses ormeaux. Le soleil fait briller le toit d'ardoises argentées, dominé par les trois croix à personnages habillés de lichens en vieil or.

A droite, et face aux tombes, une petite porte flamboyante, accostée d'un contrefort, supporte une vierge chenue et blanche, au geste naïf sous la couronne des reines.

Autour du cimetière et contre le muret bas, les sillons viennent déferler et des prés, des lacs de froment et de sarrazin ondulent autour du repos définitif.

Quelquefois même les pommiers sautent par-dessus le mur, comme à Billio, et des vergers, titubant sous les fruits, extravaguent parmi les tombes.

A Saint-Gérand, l'ossuaire est envahi, pris d'assaut par de grands arbres fruitiers et les pommes rebondies viennent trembler au-dessus des chefs des trépassés, empilés dans cette sorte de cellier à barreaux.

Le cimetière verger n'est pas une exception et un peu partout les pommes ou les poires en sont recueillies, et converties en cidre excellent.

Quelquefois, comme à Neuillac, l'ossuaire au milieu des tombes affecte la forme d'un édicule champêtre à la manière du XVIIe siècle, et tel que les seigneurs en bâtissaient dans leurs parcs afin de s'y récréer galamment. Le lierre, la clématite, le chèvrefeuille, la glycine vêtent les murs de ces maisonnettes, chapeautées de toits ornés de moulages de plomb, et rien n'est plus aimable qu'un tel séjour pour y déposer les crânes, les tibias et les fémurs.

Et cependant, au fond de cet appareil souriant de la mort, des histoires terribles s'évoquent, car les trépassés ne sont point des fantômes silencieux, mais ils ont emporté dans l'au-delà leurs passions exacerbées, leurs haines, et ils se manifestent à leurs descendants terrifiés. La majorité des Bretons pense qu'on ne meurt pas complètement et que les trépassés peuvent agir matériellement, qu'ils souffrent et que bien peu méritent les béatitudes éternelles.

A ce titre nous donnerons la traduction d'une vieille complainte bretonne sur la fête de la Toussaint, recueillie dans le Morbihan, et à peu près inconnue.

« L'après-midi, jusqu'au soir, les cloches n'ont cessé de sonner pour les âmes des morts.

« Les glas funèbres tristement disaient : Parents, amis, ne nous oubliez pas. Secourez-nous, nos peines sont si grandes.

« Là-bas, dans un village, à la campagne, une famille agenouillée devant la croix disait une dernière prière pour les âmes.

« Dans un coin de la maison, Louison la servante est bien triste, elle soupire, elle a perdu son père et sa mère.

« Si j'avais autant d'argent que de piété pour mon père et ma mère, je ferais dire une messe.

« Le chef de famille a entendu et il dit à Louison : Je vous offre des gages de cent écus d'or jaune pour votre peine, si vous allez à minuit prier sur la tombe des morts.

« Après avoir prié vous prendrez dans l'ossuaire les ossements d'un mort. Ces ossements, en témoignage vous les rapporterez à la maison.

« Louison a tremblé, puis elle a fait le signe de la croix et, toute seule, elle est partie dans la nuit noire... Elle écoute et là-bas sur le chemin elle entend le bruit de la charrette des morts.

« La pauvre Louison tremble de frayeur, elle tombe à genoux ; les coups de minuit résonnent dans son cœur comme des glas. Les yeux inondés de larmes, une heure entière elle a prié pour les âmes du purgatoire.

« Avant de quitter la terre sacrée des morts, elle s'avance vers l'ossuaire. O merveille ! il est environné d'une éblouissante clarté. Et chaque relique crie : Prends-moi ! mes souffrances sont horribles. Je n'ai ni parents, ni amis pour donner à mon âme l'aumône d'une goutte d'eau bénite.

« Louison tremble, étend la main, saisit un bras tout rongé par le temps. Sans peur elle court à son village, l'os à la main flamboie comme un cierge et des ailes bruissent autour d'elle, et des voix disent : « Merci ! » Avec les écus d'or jaune Louison fait dire des messes et c'est par centaines qu'elle envoie des âmes au ciel.

« Pour hâter leur délivrance, récitons ensemble un *De profundis* ! ». . . . .

Anatole Le Braz, dans la *Légende de la mort*, d'un intérêt saisissant, a écrit l'histoire complète des superstitions funèbres. Les légendes les plus épouvantables y sont reproduites.

Dans le pays galot, il n'est pas un journalier qui ne sache un ou plusieurs contes funèbres. Que dis-je conte ? Je devrais dire histoire vraie, car les conteurs ont vu et entendu ce qu'ils rapportent.

Une paysanne des environs de Pontivy m'affirmait, l'an dernier, l'étrange aventure arrivée au recteur de Bubry, un de ces prêtres modern-style qui veulent rompre avec la tradition. Il avait ordonné au fossoyeur d'enterrer les crânes offerts dans leurs petites chapelles de bois à la vénération des parents. Pêle-mêle ils furent inhumés dans une fosse, mais la nuit suivante, ils s'évadèrent et reprirent leur place à l'ossuaire. Plus de cent personnes affirment ce fait véridique.

Il est des pauvres gens qui ne dorment pas dans la terre de leur village, mais à qui la piété vigilante de leurs proches élève les monuments du souvenir avec des simulacres de tombes larges comme les deux mains.

Nous voulons parler des marins disparus en mer dans des endroits ou des gouffres qui ne les rendront jamais. De Paimpol à Saint-Malo, les cimetières de la côte sont pleins d'épouvante, car il n'en est aucun qui ne contienne une ou plusieurs rangées de tombes fictives, menuiseries creuses, posées à même un sol non remué. Des inscriptions renseignent sur la triste aventure ; un navire ou une barque de pêche ont sombré, dont pas même une planche n'est venue apporter le témoignage du désastre.

Parmi ces cimetières des marins, il en est un,

douloureusement célèbre, celui des Islandais à Ploubazlanec, un village campé sur une falaise à l'orée de la baie de Paimpol.

Là, dans un pays vert et or, chatoyant d'ajoncs, de bruyères et de sapinières, dans une contrée qu'on dirait pleine de bonheur, mais dont l'apparence ment, car la terre est dure et le roc mauvais, les hommes et jusqu'aux enfants partent chaque année pour Islande et meurent là-bas de froid, de mauvaise nourriture, de chagrin, de fatigue, de douleur dans la nuit éternelle.

Pauvres gens qui s'expatrient et se livrent à un métier horrible pour un salaire dérisoire, mais un gain fréquent : la noyade dans une eau glacée !

En 1901, trois navires ont disparu « corps et biens », suivant la sinistre expression. La formule de ces simulacres est toujours pareille.

Parfois enchassé dans une menuiserie identique, vous pourrez lire, trois fois répété :

En mémoire de Gilles Brézellec, 17 ans, décédé à Islande.

En mémoire de Jean-Marie Brézellec, 16 ans, décédé à Islande.

En mémoire de Yves Brézellec, 37 ans, décédé à Islande.

Priez Dieu pour eux !

... Concision poignante et plus éloquente que des discours.

A Kérity, dans un cimetière d'Islandais, au

fond de la rade de Paimpol, vingt noms, le capitaine en tête, indiquent la noyade générale d'une goélette dont on n'a jamais plus entendu parler, mais qu'on estime coulée avec son équipage au large des fjords blancs.

Les chefs des paysans de Kérity s'entassent au contraire dans un désordre charmant, et l'ossuaire, trop étroit, voit déborder leurs os. Lorsque j'ai poussé la porte de cet édicule, j'ai senti craquer des têtes tombées de leurs petites boîtes et qui roulaient jusqu'à mes pieds. Par contraste, les tombes récentes entourées de barrières blanches avec un petit banc fraîchement peint pour s'agenouiller, une croix bien menuisée et des fleurs soignées, reposent le regard attristé.

Le grand Yann Gaos, le héros de « Pêcheurs d'Islande » de Loti, est ainsi enterré à Ploubazlanec, car le sort ironique qui se moque des gens, réserva un repos terrien à ce beau marin. Il était en effet si beau que les femmes de Paimpol à Portz-Even ne l'appelaient que « l'Homme » comme si lui seul, par sa force et sa douceur, méritait ce titre par-dessus les milliers d'Islandais, ses frères. Voici quelques années, après déjeuner, il sortit en barque, chavira et, pris d'une congestion, mourut noyé sous les yeux de ses parents accourus. La mer l'avait pris, mais elle le rendit et sa fosse est entretenue avec un soin pieux. Près de lui reposent son père et le petit Sylvestre.

An Ankou, nom du génie de la mort chez les Bretons, est devenu par extension « An Ankou » la mort personnifiée, agissante, car les Celtes de l'Irlande, de la Cornwall anglaise ou de la Bretagne armoricaine imaginent qu'après le décès, l'homme subit un jugement immédiat et particulier devant Dieu, qui le renvoie ensuite à son corps dont il peut sortir à volonté.

Dans beaucoup de villages on pense que le dernier trépassé de l'année est promu aux fonctions de l'Ankou. C'est lui qui, sous la forme d'un personnage décharné, conduira la charrette de la mort qui vient emporter l'âme.

Quand vous interrogez les paysans ou les pêcheurs, ils vous affirment tous avoir vu l'Ankou, mais souvent sous des apparences différentes. Tandis que les riverains de la presqu'île de Crozon le dépeignent comme un squelette lumineux, coiffé d'un chapeau et armé d'une faux, monté sur une rossinante tragique sortant des gouffres de la mer pour accomplir sa besogne nocturne, les Morbihannais, suivant qu'ils habitent la côte, les landes ou les bois, lui donnent plusieurs formes. Tantôt la mort est un prêtre sans tête ; d'autres fois un paysan, remarquable seulement par l'absence d'yeux et de nez. Au pays galot, la Mort peut aussi se présenter sous l'aspect d'une levrette blanche ou d'un cheval sauvage qui accourent de l'ombre pour suivre les passants attardés, et leur annoncer un trépas prochain.

Souvent l'Ankou est accompagné d'aides, sortes de croque-morts. Dans ce cas, An Ankou, dressé sur une charrette à ridelles, conduit l'attelage de ses deux chevaux et ses funèbres compagnons chargent le trépassé qu'il a fauché.

Dans le très intéressant volume qu'il a consacré à la légende de la mort, M. A. Le Braz rapporte un fait que j'ai vérifié pour le Morbihan. L'Ankou répugne aux routes neuves et bien entretenues ; aussi les femmes et les poltrons attardés dans les hameaux ne voudraient-ils, pour rien au monde, traverser certains sentiers creux assombris par des sécots de chênes et des haies de mûriers ou d'épine blanche. Ils redoutent la Mort qui, d'ailleurs, en ce pays, se présente inopinément et sans bruit, tantôt en char et tantôt à pied. Tandis qu'au pays bas-breton, la charrette de l'Ankou mène un tel tapage que son fracas emplit la nuit d'épouvante et avertit les veilleurs, elle se glisse insidieusement chez les galots et, soit qu'elle prenne l'apparence d'un spectre, d'un animal, d'un attelage monté, toujours elle opère en silence.

Parmi les signes avertisseurs de l'Ankou on doit signaler la boule de feu qui se promène et vient se poser sur les hameaux ; les vols de corbeaux et la façon dont ils crient au-dessus des maisons ; l'oiseau de mer qui frappe du bec les vitres éclairées ; le beuglement prolongé des bœufs quand il fait clair de lune ; la chandelle de résine qu'on ne peut allumer ; le feu qui s'éteint malgré qu'on l'entretienne ; certains rêves et de petits malheurs domestiques : briser sa vaisselle ; brûler son banc de lit ; déchirer une image de piété ; fendre deux paires de sabots dans la semaine, etc.

Aussitôt la mort d'un parent annoncée aux voisins de la métairie, ceux-ci viennent veiller le corps. Si c'est un fermier, chef de famille, qui est décédé, sa veuve, ses filles et ses proches revêtiront un costume de deuil qui se compose pour les hommes d'un large et long manteau noir ou brun à collet, souvent double et triple. Les femmes jettent sur leurs épaules des mantes ou des capots à bavolet dont le volant est cousu sur l'épaule. La première huitaine elles garderont sur la tête le capuchon qui déborde sur le front et semble une sorte de cagoule.

A Muzillac, et sans doute dans une bonne partie du Morbihan, on place le mort sur le banc du lit-clos et on élève au-dessus de sa tête une sorte de chapelle avec des draps cloués aux grosses poutres du plafond. Cette sorte de blanc catafalque est apprêté avec solennité même dans les plus pauvres chaumières ; des fleurs et des objets de piété sont disposés autour du corps.

Des invitations à la veillée funèbre sont immédiatement transmises par les gars qui montent leurs chevaux à cet effet et courent les chemins au galop. Lorsque l'on voit passer au crépuscule l'un de ces cavaliers, l'on peut être certain qu'il s'agit de quérir le recteur et les amis du moribond.

Les veilleurs réunis au nombre d'une trentaine parfois, prieront et interrompront leurs chapelets pour s'assembler dans la salle voisine afin de boire du cidre en célébrant les mérites du trépassé.

Si c'est une femme défunte, ses compagnes se

tiendront auprès du reposoir, les gars, un peu éloignés, dans la vaste cheminée.

Et plusieurs fois dans la nuit, entre deux bolées de cidre, les veilleurs prononceront la formule rituelle :

Doué da bardon an Anaon !
Dieu pardonne aux défunts !

VII

LES ARTISANS BRETONS

Voici plusieurs années qu'on annonce une exposition générale des produits bretons. Elle nous permettrait de faire le bilan de ce qui existe encore de notre art provincial.

La décadence des anciennes industries du mobilier ne peut se dissimuler et il convient d'examiner les moyens de susciter une renaissance, ou, tout au moins, d'aider les sculpteurs, les potiers, les brodeurs et les ébénistes, qui œuvrent encore patiemment dans les départements du Morbihan, des Côtes-du-Nord et du Finistère.

Notre vieille province, longtemps fermée aux innovations, s'ouvre de plus en plus à la grande fabrication mécanique, qui vient ruiner les derniers artistes et notre goût ancestral pour les solides armoires, les gilets ouvragés, la lingerie ajourée et la vaisselle imagée.

La vie de nos paysans évolue beaucoup plus vite que ne se l'imaginent « les Français », comme on dit en terre basse-bretonne, et s'il ne faut pas regretter la pince à résine fichée dans le vaste foyer à baldaquin, peut-être aurait-on quelque droit à se lamenter devant l'invasion d'une camelote internationale qui vient jeter hors des fermes moyenâgeuses, les bahuts centenaires, luisants et loyaux.

... Quel non-sens, lorsque, dans mes courses de clocher à clocher, je rencontre un fragile buffet de cerisier verni dans une arche de granit du XVe siècle où les bœufs fraternisent avec leurs maîtres ; et quelle ironie, quand j'aperçois au seuil d'une maisonnette, style de banlieue, dont le mortier frais bave encore, la silhouette archaïque d'un ancêtre en bragou-braz, guêtres et vaste pétase à poil bourru. Il faut l'avouer, les deux Bretagnes cohabitent déjà et l'une tuera l'autre. Seules, les modifications dans le costume prouveraient l'intensité incroyable du mouvement qui emporte l'Armor vers « le progrès », si, toutefois, le fait de porter une veste ou un gilet sombres au lieu des draps bleu de roi ou vermillon brodés de soieries multicolores, prouve un perfectionnement de l'être humain.

En ces pages documentaires sur l'état des industries de l'Armorique, je ne voudrais pas fournir les preuves d'une décadence morale parallèle à l'enlaidissement d'une vie locale qui fut pleine de saveur et de sincérité. De même que l'alcool de grain tend à remplacer le cidre des aïeux, de même les assiettes blanches, les cotonnades ou le sapin du nord ont chassé des logis l'écuelle illustrée d'arabesques, l'étoffe épaisse comme une cloison et le chêne décoré d'oiseaux et de fleurettes.

Progrès, toujours progrès !

Pourquoi faut-il que les artistes bretons prêchent vainement d'exemple en se meublant à l'ancienne mode avec un charme et un agrément que ne peuvent plus comprendre leurs voisins campagnards. Car, lorsqu'un cultivateur franchit le seuil d'un « monsieur », installé avec confortable dans un mobilier rustique qu'il n'apprécie plus, il rit, il s'étonne et il repart, apitoyé et non pas converti.

« Les anciennetés bien grimacées », ainsi que s'expriment les morbihannais en présence d'une armoire sculptée et, si évocatrice, qu'en la regardant on s'imagine toute l'existence des ancêtres, toute leur force, leur candeur et aussi leur obscurité, oui, ces pauvres anciennetés finissent, comme Job, sur les fumiers entassés devant les métairies.

Il existe encore des potiers habiles en Basse-Bretagne. Souvent, comme à Malansac, des femmes savent pousser le tour avec les pieds et fabriquer une vaisselle aux formes primitives que, d'ailleurs, la terre de fer et la tôle émaillée tendent à supplanter. C'est à Quimper que se trouvent aujourd'hui réunies les dernières fabriques de faïences fières d'un assez long passé de gloire. A Nantes, au XVIIIe siècle, à Rennes et au Croisic vers la même époque, la faïence bretonne rivalisait avec les autres centres de fabrication française.

La première usine Quimpéroise fut fondée par un méridional de Saint-Zacharie, près Marseille, qui, en 1690, imita le genre Moustiers avec les terres glaises inférieures de l'Odet. Plus tard Pierre Bellevaux, d'une ancienne famille de faïenciers de Nevers, introduisit le style Nevers, en employant des argiles fines. Son gendre, le rouennais Pierre Caussy, importa le décor de Rouen. Au milieu du XVIIIe siècle deux autres fabriques se fondaient à Quimper et s'imitaient les unes les autres avant de trouver leur formule originale. La faïence bretonne se dégagea difficilement de ses premiers parrainages. Pourtant, peu à peu, apparurent des assiettes en camaïeu ou en vives couleurs qui reproduisirent des oiseaux, des bouquets, des hermines et des motifs d'ornementation d'inspiration locale. Plus tard, les bleus, les jaunes et les verts d'une richesse de verrière, utilisés par les Cornouaillais, contribuèrent à la renommée des services de Quimper. Les ouvriers se succédaient de père en fils dans les fabriques et ces familles innovaient lentement, sagement.

Un usage charmant voulait que le faïencier invité à une noce paysanne apportât en cadeau, aux mariés, un chef-d'œuvre. Quelques-unes de ces pièces ont été conservées par M. Henriot, le directeur de l'une des faïenceries modernes. Libre de toute influence commerciale, le décorateur s'appliquait à composer, suivant ses idées personnelles, un plat qui devint son titre de gloire. Ces faïences, depuis cent ans, réfléchissent les préoccupations de l'époque. La tradition est déjà rompue et, dans ces essais, les plus diverses influences, Chine, Japon, Angleterre, Révolution, Restauration, sentimentalité coloniale à la Paul et Virginie, s'affirment avec naïveté. Beaucoup d'habileté manuelle et un certain goût sauvent ces productions hors série.

Sous le second Empire, un ouvrier décorateur, grand lecteur du « Magasin Pittoresque », un illustré d'une influence étonnante à cette époque, s'émerveilla devant les gravures sur bois représentant sans vérité des paysans bretons du Léon ou de la Cornouaille. Notre artisan copia ces images et les reproduisit à satiété. Ce malheureux ne se doutait pas du succès funeste et extraordinaire qui allait accueillir sa tentative. Tout l'art breton allait être infecté de bonshommes d'opérette aux costumes fantaisistes comme ceux qui habillent les figurants du « Pardon de Ploermel », ce pardon qui n'a jamais existé que sur la scène. Affirmons-le, jamais l'art breton ne reproduisit de personnages. A la Renaissance quelques masques de seigneurs furent tout au plus sculptés avec sobriété sur des coffres et des bahuts. Tandis, qu'aujourd'hui, notre pauvre art ne semble armoricain que lorsque le bois, la faïence, la broderie sont surchargés de petits paysans en habits théâtraux, caricatures des véritables vêtements portés par les cultivateurs. Les huchiers, imagiers et décorateurs des époques où l'art breton créait des œuvres savoureuses, seraient stupéfaits de cette déviation puérile qui veut que la marchandise se déguise à la « Théodore Botrel », pour sembler d'une fabrication gaëlique.

Hélas ! trois fois hélas ! les faïenciers contemporains ont dépassé la limite permise. S'ils dessinent un petit bonhomme par assiette, ils décorent leurs plats, leurs soupières, leurs fontaines aux plus vastes surfaces de « scènes pittoresques de la vie bretonne » empruntées à ces peintres fournisseurs de bretonneries à l'usage des touristes. Maintenant, vous pouvez manger votre potage sur une sarabande de femmes dansant la gavotte, ou découper votre poulet sur des joueurs de boule. Préférez-vous déposer votre rôti sur un enterrement villageois, on vous le fournira. Cherchez-vous le beurre sur votre table, il vous faudra le découvrir dans un biniou. Oui, trois fois hélas ! maintenant l'esprit de la vieille Armorique se meurt et les fabricants cherchent une résurrection dans l'imitation enfantine des objets, outils ou instruments, qu'à tort ou à raison, les Parisiens considèrent comme le patrimoine celtique. Voulez-vous un encrier, il vous faudra accepter un chapeau à larges bords. Vous plaît-il d'offrir une bonbonnière, il sera galant d'acquérir un sabot dont la crotte, parfaitement imitée, est peinte couleur de terre. Faut-il donc désespérer d'une Renaissance ? Ce n'est pas mon avis. Je viens de visiter une faïencerie et j'ai remarqué l'habileté professionnelle des mouleurs, des tourneurs et des peintres, surtout des femmes préposées à la décoration des humbles écuelles rustiques. Elles tiennent dans leur main gauche le vase de terre, qu'elles font tourner par secousses avec une si remarquable adresse, que les cercles se rejoignent mathématiquement, que les lignes brisées se raccordent et que les semis de points et les feuillages tombent à leur place avec une vitesse déconcertante.

Au musée de cette fabrique j'ai pris des bols, des soupières et des fontaines anciennes d'un goût parfait et d'une chaleur de coloration séduisante, puis j'ai demandé à ces artisans :

— Pourriez-vous me reproduire ces modèles ?

— Aisément, m'ont-ils assuré.

— Pourquoi ne les imitez-vous pas, et même, pourquoi ne les perfectionnez-vous point ?

— Parce que les conditions de notre métier ont changé. Jadis, nous autres Quimpérois, nous détenions le monopole des faïences bretonnes et nous pouvions vendre un prix rémunérateur des pièces soignées d'un bel émail. Aujourd'hui on fabrique du faux Quimper à Desvres, à Boulogne-sur-Mer, à Angoulême, à Fives-Lille et jusqu'en Bohême. Nos concurrents nous copient et livrent aux revendeurs une vaisselle si bon marché que, nous, les créateurs, nous devons abaisser nos prix, afin de lutter contre cette concurrence grossière qui trompe pourtant les acheteurs. Par conséquent il nous faut travailler vite et supprimer tous les agréments qui vous plaisent. Le relèvement de notre industrie ne sera possible qu'avec une protection efficace obligeant chaque imitateur à indiquer le nom de sa ville sur chaque pièce. Lorsque, seuls, nous pourrons inscrire : Quimper, nos prix se maintiendront et nos clients n'hésiteront pas à payer à leur valeur des produits que nous nous efforcerons de rendre égaux à ceux du passé.

Au Congrès de l'Union régionaliste bretonne en 1907, M. Choleau assura qu'on pourrait délivrer à chaque fabricant : faïencier, ébéniste, brodeur, etc., un label ou marque provinciale garantissant l'origine des produits.

Ajoutons à ce propos, le souhait d'une réorganisation des cours municipaux de dessin et de décoration. Chaque école des Beaux-Arts dans nos départements devrait être résolument provinciale. N'est-il pas insensé de donner l'enseignement parisien à des élèves qui sont appelés à œuvrer dans leur ville natale des matières aussi différentes que le granit, le chêne, la faïence, le tuffeau, la brique ou le bois blanc. Cette ridicule centralisation a tué la personnalité des derniers artisans, tandis qu'un enseignement décoratif approprié au climat et nourri d'exemples locaux, anciens ou contemporains, eût produit une main-d'œuvre intelligente et des esprits éveillés. Quand un art ne crée plus, il meurt. Quand un art innove à faux, il est mort.

On peut conclure des faïenceries, qu'il existe encore à Quimper beaucoup de mains habiles, mais point d'hommes de goût. Une rénovation serait pourtant possible à la condition qu'un artiste jeune et passionné pour sa province sût renouer la tradition au point où elle fut abandonnée.

Je me suis étendu sur l'histoire des faïences bretonnes, car leur aventure est commune aux autres industries artistiques de l'Armorique. L'ébénisterie suivit un chemin parallèle et plus rapidement encore s'achemina vers la laideur. D'une adresse et d'une conscience qui leur valent encore des clients nombreux par toute la France et à l'étranger, nos menuisiers savent construire des chefs-d'œuvre qui ébahiraient leurs grands-pères. Ici la formule infaillible pour obtenir un vrai meuble breton, consiste à marier les fuseaux Henri II, les roues de lits-clos, les colonnes à l'italienne et les panneaux sculptés de personnages à braies celtiques et jouant du biniou, les joues gonflées à éclater. Depuis deux ans quelques ébénistes ont même introduit le « modern-style » et, entre deux bâtons de guimauve ou parmi les volutes effarantes se dressent des bonnes femmes à vertugadins et à Jeannette, chaussées de sabots chinois. Ce gracieux ensemble satisferait les plus délicats : aussi la demande de ces monuments compliqués est-elle active. La preuve du succès nous est donnée par les imitations du faubourg Saint-Antoine. La salle à manger est très réclamée, mais nos « Grands Magasins » vous assureront, qu'ils vendent aussi couramment le salon armoricain, fourni, suivant le prix, de rosaces de fuseaux et de gentils paysans en branle pour les « ridées ». Faut-il donc écrire que l'ébénisterie bretonne a vécu. Nous ne le croyons pas, car le nombre d'artisans villageois capables de construire une armoire de belle allure ou un buffet vaisselier d'un sobre dessin demeure plus considérable que dans aucune autre province ;

Morbihannais ou Finistériens ont toujours aimé les œuvres du bois.

Sous Louis XIV, tandis que les gentilshommes se ruinaient à Versailles et qu'ils étaient obligés de vendre leurs forêts, l'ivresse du beau mobilier naquit chez nos paysans. Depuis cette époque on peut trouver dans chaque canton un menuisier capable de dresser une charpente, de tailler une « carrée », d'établir un escalier à vis ou de construire une armoire originale. De simples charpentiers arrivent à copier des meubles anciens et la beauté de leur travail étonne les ébénistes parisiens. C'est que ces artisans savent encore donner à leurs lits-clos et à leurs buffets une saveur personnelle. Leurs moulures poussées à la main gardent un frisson de vie, tandis que l'outillage mécanique produit un mobilier rectiligne, mais mort.

Dans la région de Pontivy, les menuisiers-sculpteurs continuent à œuvrer des « Agouvrô », c'est-à-dire ces mobiliers complets offerts aux nouveaux mariés qui sont décorés de guillochages, de fleurettes et de bandeaux feuillagés. L'habileté de ces villageois dépasse même celle de leurs ancêtres. Il ne leur manque qu'une tradition, qu'une discipline, que de bons modèles. A Caurel, dans les Côtes-du-Nord, un ébéniste d'origine brestoise, M. E. Monbet a fondé une école du mobilier armoricain qui s'inspire trop des « tarabiscotages » d'un style moderne déjà défunt. Nous espérons que cet atelier saura s'affranchir des influences étrangères et simplifier ses modèles. Aux environs de Vannes, c'est une surprise de trouver de simples charpentiers capables de marqueter une armoire et de la sculpter.

Avant d'en terminer avec l'industrie du bois, il faudrait signaler les tourneurs installés dans les forêts de l'Argoët où ils vivent avec les sabotiers. Beaucoup de ces artisans fabriquent une vaisselle de bois d'un profil gracieux, souvent guillochée et fouillée de trèfles et d'étoiles.

... Les derniers imagiers se sont éteints il y a cinquante ans, quand les plâtreries de Saint-Sulpice ont fourni les églises de saints moulés et peinturlurés. En 1860 on trouvait encore dans les paroisses quelques prêtres artisans, ouvriers en soutanes, qui, pour subsister, sculptaient les saints locaux que les magasins des villes ne pouvaient procurer. Beaucoup d'armoires et de lits-clos marqués d'un ciboire proviennent de ces mains sacerdotales. Quelques années auparavant, Charles Jacquot, l'humble desservant de Guehenno, doué d'un véritable génie, sculptait le calvaire de sa paroisse aidé de son vicaire l'abbé Laumaillé. Vivant dans sa paroisse isolée, en pleine atmosphère gothique, Charles Jacquot s'était retrouvé l'âme candide d'un statuaire du xiiie siècle.

... Il ne faudrait pas oublier les brodeurs bretons, nombreux, intéressants et personnels. Voici dix ans, Pont-l'Abbé produisait ces gilets et ces manches brodées d'un si grand effet décoratif, que des archéologues dissertèrent sur l'origine phénicienne ou Mongole de leurs dessins, de leurs fleurs de paon reproduites sur le drap en soies rouges, jaunes et vertes. On y trouvait même des attributs antiques comme le « Chaned ar ved », la chaîne sans fin des Celtes, symbole de l'éternité.

A Elliant et dans la région de Rosporden, il existe encore des brodeurs d'une invention charmante, raffinée. Leurs combinaisons de cœurs entrelacés, de feuillages stylisés, l'infinie variété de leurs motifs floraux, coquelicots ou roses enguirlandés de fougère, l'harmonie de leurs tons cerise, or et émeraude, mériteraient de leur assurer une longue existence.

Il conviendrait encore de mentionner les maréchaux campagnards capables de forger des chenêts dignes de la Renaissance, d'ajourer des girouettes et de marteler des ferronneries de belle allure.

S'il fallait chercher une conclusion à cet inventaire rapide des ressources bretonnes, nous dirions que, sur notre vieux sol, végètent encore des artisans adroits qu'on pourrait réveiller, mais qu'il faudrait surtout défendre contre l'imitation des produits de bazar. Les touristes sceptiques qui habitent nos bourgades pendant les mois d'été, ont, par leur sotte ironie, découragé nos villageois naïfs de leurs intérieurs antiques.

Faut-il rappeler que, récemment, un industriel breton, revêtu du noble costume de sa paroisse, s'est vu refuser l'entrée d'un hôtel de Rouen, parce qu'on le prenait pour « un paysan » !

Avec de telles mœurs, comment nos arts provinciaux pourraient-ils exister ?

VIII

LE MOBILIER BRETON

Il a été écrit quelques ouvrages sur les meubles anciens des provinces riches d'argent, de style et d'imagination comme la Normandie, la Provence, la Lorraine, etc... Nous allons tenter de fixer la physionomie et l'histoire des meubles rustiques dans une province de médiocre aisance comme la Bretagne où les artisans, huchiers et menuisiers ne manquaient ni de goût ni de talent. Aucune monographie sérieuse n'existe sur ce sujet. Nous allons donc observer sur le vif, ce qui est encore la méthode la plus féconde.

... On a fait remarquer justement au sujet des costumes, des broderies et des coiffes que les tailleurs et les brodeurs villageois se sont inspirés des habits de leurs seigneurs qu'ils interprétèrent et accommodèrent pour leur modeste clientèle.

Devrons-nous croire à la grande influence du mobilier du château et de la gentilhommière et les métairies ne furent-elles remplies que d'imitations plus ou moins grossières ? Nous ne le pensons pas et nous en donnerons la raison : aux besoins particuliers de la vie rustique devaient correspondre des inventions nouvelles ou des adaptations spéciales. Les sièges délicats, les lits d'apparat trop vastes, les armoires et les tables fragiles ne pouvaient convenir aux paysans qui n'avaient ni l'argent pour les solder, ni la place pour les loger.

A leur rude vie, à leurs nécessités, à leur conception du confortable et de la beauté solides, nous devons l'originale collection d'un mobilier rustique souvent apprécié des amateurs d'art.

Nous n'avons pas la prétention en cette étude de remonter à l'an mil, ni d'imaginer des mobiliers ruraux qui n'existent pas, qui n'ont peut-être jamais existé.

Des preuves certaines nous sont fournies que la plupart des meubles de campagne aujourd'hui admirés dans les musées ethnographiques ne datent que du xviie siècle. De prétendus coffres à grains, de style gothique, ont été menuisés sous le règne de Louis XIII. En l'absence de tout document certain, nous avons résolu de limiter cette enquête à ce que nous connaissons bien, à ce que nous voyons, à ce que nous avons acheté nous-même et mis à l'abri de la destruction.

C'est uniquement la biographie du mobilier de campagne que nous voulons tenter depuis Louis XIII jusqu'à nos jours en bornant ce travail au Morbihan, au Finistère et au Tregorrois. Ajoutons de suite que le mobilier de la Haute-Loire, du Haut-Limousin et de beaucoup d'autres provinces rappelle celui que nous allons décrire.

Ce n'est réellement qu'à partir du règne de « la

poule-au-pot » que les paysans des provinces pauvres ont commencé d'introduire chez eux les diverses pièces d'un mobilier qui, d'abord copie vulgaire des bahuts et des coffres seigneuriaux, devait bientôt s'écarter de ces modèles et devenir original.

Sous Louis XIII nous assistons réellement à l'éveil du confortable dans toutes les classes de la société. Les fauteuils et les armoires de ce style font encore prime chez les collectionneurs et les artistes. A cette date, un français put enfin s'asseoir moëlleusement, douceur inconnue aux âges antérieurs.

Le faste de la cour du Roi-Soleil eut un contre-coup bien inattendu sur la fabrication des meubles rustiques. Obligée ds vendre leurs forêts aux paysans et aux petits propriétaires afin de trouver l'argent nécessaire pour figurer avantageusement à Versailles, les gentilshommes contribuèrent indirectement à l'amélioration des intérieurs de leurs vassaux. Les huchiers et les menuisiers sculpteurs qui avaient du bois ouvrable en grande quantité, fabriquèrent à cette époque une bonne partie des meubles de campagne qu'on admire encore.

Le luxe pénétra pour la première fois chez les laboureurs. Mais ce n'est réellement qu'aux XVIIIe siècle que les fermiers eurent l'orgueil de posséder un ensemble de meubles ornés avec goût, menuisés avec art.

Malgré des travaux tendancieux qui voudraient nous faire croire que les cultivateurs de l'ancien régime vivaient tous dans la détresse, les inventaires après décès de cette époque nous renseignent exactement sur le mobilier dont ils disposaient.

LES LITS

Viollet-Leduc nous apprend qu'au moyen âge le peuple couchait sur des grabats qu'aucune menuiserie ne contenait et n'exhaussait. Mais au xviiie siècle une forme de lit-armoire, dite : lit-clos, prédomina dans les campagnes. Le plus ancien type de semblable lit fermé que nous connaissons serait celui où, d'après la légende, Saint-Yves aurait couché à Kermartin.

Ce lit monumental se compose essentiellement d'une couche montée sur un châssis enfermé dans une sorte d'armoire profonde et élevée. Quand le paysan veut dormir, il pousse les portes à glissières de son armoire-lit, il monte sur les couvertures, referme derrière lui les panneaux qui le clôturent et là, enfermé dans une sorte de caisse qu'aèrent seulement quelques trous découpés dans la façade, il repose.

Nous avons cherché à nous expliquer la raison qui fit adopter ce modèle étonnant de lit.

Les progrès de la pudeur et le désir d'éviter les promiscuités du moyen âge purent seuls amener les paysans à l'introduction de ces armoires à sommeil. Comme, encore aujourd'hui, la plupart des fermes ne se composent que d'une salle ou deux, et que les fermiers, leurs enfants, leurs valets et leurs chambrières doivent reposer dans la même pièce, il fallut bien imaginer des cabines d'isolement pour le deshabillage et le repos.

Le lit-clos résolut le problème. D'un autre côté, comme c'est un meuble assez encombrant, l'invention fertile des campagnards superposa souvent deux ou trois tiroirs à ces lits, c'est-à-dire que l'on coucha les uns au dessus des autres les habitants de la métairie. L'espace en superficie devait être économisé dans ces logis encombrés d'outils, d'animaux, d'ustensiles ménagers et de nombreux habitants.

Chaque évêché possédait des lits-clos différents quant à la façade mais semblables quant au principe et à la forme. Ces façades se composent essentiellement de quatre panneaux ajourés de fuseaux de buis disposés en roues. Une corniche simple ou à deux étages de fuseaux, avec une nichette en fronton pour placer la petite vierge en faïence de Loc-Maria Quimper surmonte les panneaux. Deux montants, souvent moulurés et guillochés, sont réunis par des planches simplement menuisées qui assujettissent ces façades. Une rainure sous la corniche et une rainure sur la longueur du lit permet aux deux panneaux centraux de glisser et, par conséquent, facilitent au paysan la rentrée dans l'intérieur de son lit.

Les artisans, depuis le commencement du xviiie siècle à l'année 1850, se sont évertués à varier à l'infini la devanture de ces lits. La surface offerte permettait des variations sans nombre et ils en ont tiré souvent un merveilleux effet décoratif.

Le modèle classique se compose : d'une corniche à une rangée de fuseaux, de quatre panneaux ornés chacun de deux roues de fuseaux séparées par deux ajourages en ligne et d'une simple moulure sur les montants.

Dans le même genre on trouve des façades plus remarquables par le nombre et la finesse des ajourages. A propos des fuseaux de buis, si libéralement distribués dans le mobilier rustique, refutons une erreur généralement commise qui assigne une origine bretonne aux meubles semblablement décorés. Ce sont les artisans de Paris qui, sous Henri II, employèrent à profusion le bois tourné. Les ouvriers armoricains ne firent donc qu'emprunter, cent ans après, ce motif de décoration.

Avec des outils rudimentaires et des tours sans précision, les habiles menuisiers villageois arrivaient à construire des chefs-d'œuvre. Par exemple, ils enfermaient une première petite roue dans dans une seconde et ils les séparaient par trois rangées de fuseaux. Certaines devantures de lits-clos renferment un millier de ces fuseaux groupés en roues, en éventails, en demi-cercles, en corniches. Souvent des guillochages, des fleurettes sculptées, des représentations d'animaux semés le long des montants à la manière du gothique grimaçant, viennent enjoliver ces meubles.

Nous avons rencontré un type assez rare de lit à trois panneaux. Il n'y a que le panneau médian qui glisse mais une petite porte à charnière est dissimulée à la hauteur de la tête du dormeur. Cette ouverture qu'une clavure intérieure retient est dite « porte du malade » et servait à soigner la personne couchée, à lui passer de la nourriture. On imagine en effet, l'extrême difficulté de communiquer avec des mourants séparés de l'extérieur par cette clôture. D'ailleurs, en cas de mort, on enlève le corps et on le dépose sur le banc-coffre qui accompagne invariablement le lit et sert d'escalier pour atteindre à la couche. Un médecin, M. D*** nous, assurait qu'il avait pris le parti héroïque de sauter sur le matelas et de s'enfermer avec ses malades afin de pouvoir établir son diagnostic.

Les lits les plus clos sont ceux de l'ancienne province de Léon. Remarquablement ornés de sculptures représentant des fleurs, des feuillages, des figures, des dessins géométriques ou des attributs de la Renaissance, ils n'ont pour toute ouverture que le monogramme : J H S, dont les lettres découpées en plein bois fournissent la petite quantité d'air qui empêche les gens de mourir asphyxiés pendant leur sommeil.

Ces meubles anti-hygiéniques comptent parmi les plus beaux par l'art de la composition sculpturale dont ils sont la preuve.

Chaque menuisier sculpteur de village se distinguait toujours par une invention qui aidait à le suivre à la trace dans ses travaux. Par exemple, il imaginait un ornement, un pot de fleurs treillagé à anses tournées qui contenait des marguerites. L'artisan qui avait trouvé ce motif le reproduisait à satiété, si bien que, poursuivant une enquête dans le pays de Vannes sur les meubles rustiques, nous avons pu retrouver de commune en commune des lits et des armoires de la main de cet ouvrier qui ne sut jamais dessiner régulièrement les deux côtés de ses vases.

La technique de ces menuisiers manquait souvent de science mais l'extraordinaire bonne humeur de ces façades où les petis oiseaux sautillent à la cime des lys ou des feuillages stylisés, fait pardonner l'insuffisance du métier.

Les fabricants du mobilier rustique ne possédaient guère d'ateliers. Presque tous venaient menuiser, à la journée, dans les maisons. Le paysan qui les employait leur installait un établi dans un coin de hangar et leur fournissait le bois. Ils apportaient seulement leurs outils. On les payait à la journée quatre à six sols et la nourriture. Ils couchaient souvent à la ferme et demeuraient chez un même cultivateur six à douze mois, le temps de construire tout un « Agouvrô », c'est-à-dire les meubles neufs destinés à être donnés en présent de noce à des mariés qui s'installaient dans une métairie.

Jusque vers 1850 les menuisiers ruraux ont été ainsi des journaliers errants qui allaient de village en village, cherchant à s'occuper.

C'est à ce système que nous devons les pièces les plus belles du mobilier rustique.

Peu pressés par le temps, ayant souci de produire une menuiserie parfaite, d'ailleurs encouragés par les fermiers qui prenaient plaisir à voir éclore les bouquets, les animaux ou les ornements, ces journaliers pour qui la vie n'était qu'une seule et interminable journée de travail paisible, avaient à cœur de se surpasser et de satisfaire ainsi l'orgueil de leurs employeurs.

Les conditions de la vie moderne ont tué à tout jamais cet art familier.

Les lits de campagne ne furent pas toujours à glissières. La mode prévalut dans certains pays de supprimer les panneaux et de découper la façade suivant des formes de nacelle. Parfois, comme dans le pays de Guemenée, les fuseaux sont conservés en corniche et en bordure et des sculptures naïves agrémentent les côtés. Ces devantures ouvertes sont voilées par des rideaux coulissés. C'est un bien petit progrès au point de vue pratique car le matelas rebondi atteint presque le plafond et il faut se couler, tête en avant, pour gagner sa couche.

Nous avons remarqué le peu d'influence des styles de l'époque sur la facture du mobilier villageois. Ce n'est que sous le second Empire que des lits ouverts furent décorés de colonnes appliquées et de cuivres reproduisant parfois des aigles.

Nous ne dirons qu'un mot des lits à baldaquins

qui, s'ils furent introduits chez les cultivateurs aisés, ne constituent que des reproductions plus ou moins heureuses des meubles en usage dans les seigneuries.

LES BANCS

Il y a d'abord des bancs de lits qui, quoique meubles séparables, forment dans la réalité partie intégrante du lit-clos. On les place devant et au-dessous des panneaux. Leur couvercle se soulève. On empile dans ces coffres les vêtements usagés. Leur devanture est souvent d'un joli travail qui reproduit un motif du lit-clos. Plus ordinairement de longues moulures courent le long de ce meuble robuste. De chaque côté les pieds débordent et, réunis par une rangée de hauts fuseaux, forment accoudoir.

En dehors des *bancs-tossels*, ainsi nomme-t-on dans les Côtes-du-Nord ces coffres sièges, il y a toujours devant la table à manger deux bancs très simples quelquefois à dossier et dont la planche transversale qui réunit les pieds, forme étagère. On y place les chaussures.

Dans l'âtre, à l'antique manière, sont placés de chaque côté de la pierre du foyer et sous le vaste manteau de la cheminée, deux bancs à pieds iné-gaux, les uns reposant sur le sol de la salle, les autres raccourcis afin de maintenir l'horizontalité du siège, appuyés sur l'énorme dalle de granit qui est légèrement évidée au milieu, à l'endroit du feu. Les chaises furent inconnues chez les fermiers ; on les rencontre seulement chez les artisans et les boutiquiers de village.

Le tabouret formé de trois branches d'arbres enfoncées à force dans un billot porte le nom de « bréchet ». Plus simplement les paysans roulent des billes de bois ou utilisent à l'usage de siège, des souches « rondies » à la hache.

LES ARMOIRES

Elles furent infiniment variées quant à la forme et quant à la taille qui demeura toujours subordonnée à la hauteur des plafonds. En Normandie, hautes salles, grandes armoires ; en Vendée, en Bretagne, maisons basses, petits meubles.

L'armoire rustique succéda tardivement au bahut renaissance qui succédait lui-même au coffre bardé du moyen âge. Jadis on empilait le linge, dorénavant on le plaça. L'ordre entrait dans la maison avec le bien-être.

Les armoires rustiques se ressentirent d'abord du souvenir des bahuts. Leurs premiers battants furent courts et le bas de la caisse très remontant et mouluré à gros relief.

Nous pensons que l'époque de Louis XIII vit se généraliser l'emploi des armoires dans nos campagnes. Ce règne inaugure réellement les temps modernes dans les villages jusque-là demeurés entièrement gothiques dans leurs constructions et leur existence.

De même qu'on doit aux architectes de ce commencement du XVIIe siècle l'invention des grandes fenêtres et des larges escaliers, de même le confortable et le luxe rayonnèrent jusqu'au fond des plus humbles campagnes et les cultivateurs commencèrent à vivre comme des hommes après avoir existé mille ans comme des bêtes de peine.

Des observations nous feraient croire que sous Louis XIII et Louis XIV on sculpta peu les armoires ; par contre on les guillocha et on les moulura. On ne craignait pas alors de prendre des planches de cinq à six centimètres d'épaisseur, en cœur de chêne, pour fabriquer des meubles.

Les panneaux sont d'une menuiserie assez savante. Dans des petits châssis formant cadre, des planchettes à reliefs feuillagés sont introduits à titre décoratif. Ces châssis sont de plus en plus longs à mesure qu'on descend. La caisse est ornée de moulures en forme de cadres à profil avancé. Des guillochures et une baguette grainée ornementent les montants et les traverses.

Ce modèle de menuiserie à petits encadrements autour de ronds tournés et de feuillages marque bien cette époque du mobilier rustique. Le ciseau et la gouge n'ont alors qu'un rôle secondaire, par contre la menuiserie est d'un travail remarquable que les ébénistes modernes, aidés par un outillage mécanique, n'ont pas dépassé.

Notons aussi dans tout ce que nous écrirons au sujet des meubles villageois qu'il est prudent de ne pas leur assigner une date exacte ; les styles sont fort embrouillés même dans les monuments de nos bourgs et l'on doit se montrer circonspect à plus forte raison devant les témoins d'un mobilier sans histoire pour notre vieille Bretagne.

L' « armoire à diamants » et gâteaux tournés semble avoir occupé une place prépondérante dans les métairies au XVIIe et au XVIIIe siècles. Des losanges à gros relief ou des triangles taillés comme des diamants, puis des sortes de couronnes tournées décorent les battants épais de ces armoires qui sont d'un robuste effet.

Quelquefois un ouvrier exceptionnellement habile formait école dans un pays et ses apprentis, devenus compagnons à leur tour, copiaient ses armoires. A la fin du XVIIIe siècle un menuisier de Saint-Barthélémy[1] utilisa si bien la feuille de chêne dans ses motifs d'ornementation que les ouvriers de la région l'imitèrent et le mobilier de cette contrée se signale par cette particularité.

Les armoires sculptées furent innombrables, chacune d'elle se distinguant de sa voisine dans les campagnes où ne dominait pas un style. Tandis qu'en Normandie tous les meubles de la bonne époque se ressemblent parce que des maîtres enseignaient une tradition et des compositions presque immuables, dans les provinces pauvres et

1. Environs de Pontivy.

sans grandes relations de seigneurie à seigneurie, la libre fantaisie régnait et chaque menuisier traduisait de son mieux sa manière de concevoir son art.

Une fois, dans une ferme des environs de Sérent [1], le cultivateur qui nous montrait une armoire gracieusement sculptée nous communiqua un document établissant de quelle façon le motif en avait été composé et combien ce meuble avait coûté.

C'était un compte de famille provenant du bisaïeul du propriétaire actuel. Il était inscrit sur cette feuille que le journalier Yves Nicol avait mis 88 journées de 4 sols chacune, pour menuiser et sculpter l'armoire. Le fermier qui l'employait lui ayant remis un bouquet de giroflées pour qu'il s'en inspirât, il avait dessiné et composé ses panneaux d'après ces fleurs.

LES TABLES-HUCHES

De tout temps la table des paysans a été un meuble complexe unissant les avantages du garde-manger, de l'armoire, de la huche et enfin de la table. Le modèle le plus courant enclot les quatre pieds de la table. Cela forme une espèce de buffet s'ouvrant par un bout. A l'intérieur il y a une éta-

1. Morbihan.

gère. On y met les pots à lait, le beurre, les galettes, le lard. A l'autre extrémité, un tiroir fixe qui déborde, contient cuillers et fourchettes.

Souvent le dessus de la table est à glissières. Le fermier tire le plateau et découvre une vraie huche établie entre les pieds du meuble. Dans ce cas on y ramasse jusqu'aux énormes miches de « méteil ».

Les plus perfectionnées comportent à la fois des tiroirs latéraux et une porte sur l'un des bouts. Jamais ces meubles ne seront confortables parce que les genoux sont arrêtés par le coffre formé par la huche-table. Et cependant nous lui garantissons une longue durée car l'espace économisé est considérable et il semble trop naturel aux paysans de serrer dans la table ce qu'on aura mangé dessus quelques instants auparavant pour espérer qu'ils adopteront bientôt la mode de ville.

LES COFFRES D'HORLOGES

Si Julien Le Roy et Lepaute furent les pères de l'horlogerie française sous Louis XV, il nous faut probablement attendre les premières années de la Révolution pour voir les premières horloges s'introduire à la campagne. Pour ce qui est des départements bretons, nous avons rarement vu de cadran daté antérieurement à 1835. Le grand coffre n'a forcément été inventé qu'après le mécanisme qui a permis à un pendule aussi long de se mouvoir dans un si petit espace. Dans les pre-mières boîtes rustiques on devait retirer la partie supérieure qui coiffait l'horloge lorsqu'on voulait la remonter. D'abord carrés, les cadrans furent arrondis et les coffres empruntèrent au style Louis XVI leurs gracieux contours.

Ce qui séduit dans ces boîtes c'est leur parfaite proportion. Souvent des coquilles et des chicorées les décorent mais la marqueterie l'a emporté dans la faveur des villageois à ce point, qu'aujourd'hui, si vous visitez un horloger de chef-lieu de canton, vous trouverez sa boutique emplie de boîtes ornées sur la face et les flancs d'horribles marqueteries en couleur. Autrefois on se contentait d'employer deux ou trois bois différents en losanges et de des-siner sur le panneau central une sorte de par-quet.

Les piliers des angles de la corniche furent tournés en spirale ou laissés droits. Souvent cette partie épouse la forme de l'horloge. Quelquefois les coffres avaient un œil-de-bœuf en verre de bouteille placé à la hauteur de la lentille du pen-dule et le cuivre étincelait et grossissait en passant devant cette loupe.

LES BERCEAUX

Dans presque toutes les fermes vous remarquerez posé sur le banc de lit des fermiers, un « *ber* » ou berceau. Le vieux mot français « *ber* » continue à prédominer dans le langage des paysans gallots. Ces berceaux ressemblent ordinairement à des mangeoires pour les chevaux. Ce sont de petites caissettes dont les planches du haut et du bas se prolongent et sont taillées en demi-cercle afin qu'on puisse bercer l'enfant.

Voilà le « *ber* » le plus rustique.

Lorsque les morceaux cintrés s'appliquent sur quatre pieds et sont rapportés, on les nomme : les sabots du berceau.

Très souvent la tendresse des parents enjoliva ces petits meubles. Les quatre pieds sont alors tournés et les planches de la caisse sont moulurées et sculptées. Des roues et des ajourages de fuseaux sont souvent placés sur les côtés.

Le besoin de soustraire les petits enfants aux piqûres des mouches a incité des mères inventives à recouvrir les *bers* d'arceaux qui se montent à frottement et qu'on recouvre d'une toile en guise de rideau.

Est-il besoin de rappeler que les amateurs de vieux mobilier recherchent ces gracieuses couchettes pour les transformer en jardinières ? Les « *bers* » modernes sont simplement fabriqués comme des boîtes à bascule. La construction en est robuste parce que les paysannes emportent parfois avec elles et déposent dans l'aire à battre, le sillon ou le pâtis, leur enfant endormi, suivant que leur travail les réclame au champ ou dans le verger.

LES BUFFETS

Le style de ces meubles nous laisse croire qu'ils ont été introduits relativement tard dans les campagnes. Nous n'avons pas rencontré un seul buffet qui nous parut antérieur à 1780 ou à 1800. Leur style nous renseigne approximativement.

. Dans la région de Pontivy, en 1855, on menuisait encore à Neuillac, par exemple, de remarquables buffets dans le style de Louis XVI. Auparavant c'était l'armoire qui faisait office de garde-manger et recevait avec les assiettes de faïence et les cuillers, les mets préparés, le lait et le beurre. D'ailleurs les victuailles voisinaient avec le linge. Les provençaux et les normands connaissaient depuis longtemps les pannetières, les garde-mangers et les dressoirs. Dans un grand nombre de nos anciennes provinces ce meuble parut une nouveauté vers 1750. Il se composa d'une sorte de commode à tiroir supérieur et de deux battants lisses ; souvent un soleil à rayon fut inscrit dans l'encadrement de chaque petite porte. Les motifs d'ornementation dans les buffets varièrent assez peu. Déjà, il semble, aux approches de la Révolution, que les communications plus faciles entre artisans aient amené à concevoir le mobilier sur un modèle uniforme. Entre les créations qui eurent une fortune durable, il faut signaler le style dit de

Louis XVI, mais qui réellement dura à la ville jusqu'après la Restauration, sauf l'intermède impérial, et qui se perpétua presque tout le XIXe siècle. Nous ne devons pas nous en plaindre car le dessin ferme et gracieux de cette époque n'a pas été dépassé et les meubles qu'il inspira sont aussi remarquables par la sobriété que par la grâce.

Les paysans ne pouvaient se contenter d'un buffet qu'ils transformèrent complètement en garde-manger et il leur fallut placer leurs plats et leurs assiettes dans un vaisselier posé sur le buffet. Cette disposition est courante. Elle est née de la nécessité d'avoir facilement à portée de la main : assiettes, écuelles, bols et provisions.

Il est à remarquer comment les paysans, considérés aujourd'hui comme dénués de goût, savaient concilier le pratique et l'agréable. Les vaisseliers sont composés d'étagères dont les rebords sont formés de planchettes découpées ou plus fréquemment de fuseaux sertis entre deux baguettes. Les assiettes posées sur la tranche pourront ainsi s'appuyer et si leur faïence est peinte en vives couleurs le meuble entier en acquerra une gaîté charmante.

IX

LES PÊCHEURS SARDINIERS

Quand un touriste a visité Douarnenez avec sa baie d'azur criblée de voilures rouges, Audierne frissonnant et tapageur, Concarneau pittoresque et animé, Quiberon sablonneux et lumineux, Saint-Gwenolé et le Guilvinec sauvages, terribles, où luttent les plus hardis marins de France ; — ce touriste peut comprendre que la ruine de ces ports atteindrait toute la marine française de guerre et de commerce.

Je viens de vivre dans l'intimité de ces courageuses populations et c'est une partie de ma documentation que je voudrais publier[1]. Et si je présente ainsi cette étude, c'est qu'il me paraît qu'une enquête dirigée dans le but de créer une œuvre d'imagination basée sur des observations directes, m'a permis d'apercevoir des faits qui ont échappé aux députés interpellateurs de la crise sardinière. C'est la vie de chaque jour dans les maisonnettes des pêcheurs qui m'a révélé une misère qu'on ne pourra soulager efficacement que si les remèdes proposés tiennent compte des vertus et des défauts du marin armoricain. Ainsi, j'ai la conviction que

---

1. Documentation utilisée dans notre roman : *L'Océan.*

les lois n'auront pas plus d'effet que la religion pour lutter contre l'alcoolisme qui abrutit une partie de ces pêcheurs. C'est l'existence sociale du sardinier qu'il faut renouveler complètement, si l'on veut abolir l'ivrognerie. Un écrivain breton n'a pas la prétention de résoudre ce vaste problème, mais sa connaissance de la race lui permettra peut-être d'apporter quelques indications utiles. Pas un Français ne peut rester indifférent à la ruine des 23.000 marins de la flotte sardinière et des 50.000 personnes, en y comprenant les ouvriers soudeurs et les femmes des friteries, qui vivent de la sardine.

Un chiffre donnera une idée de la misère de cette population. Il y a dix ans un pêcheur gagnait environ 1.000 francs par an, y compris la pêche d'hiver au maquereau. Cette année[1] le gain ne dépassera pas 250 francs. Quant aux patrons non seulement ils n'ont aucun bénéfice, mais l'accaparement de la rogue les met en déficit de 100 à 200 francs.

Voici le bilan. Or, situation paradoxale, cette saison de pêche a été exceptionnellement abondante en poisson. A chaque marée les embarcations ramenaient dix à quinze mille sardines, mais les fabricants de conserve refusaient de les acheter ou

1. Année 1910.

bien offraient un prix dérisoire qui, suivant l'expression des patrons, « ne payait même plus le liège des filets ». Chaque famille de sardiniers comptant en moyenne quatre enfants, c'est dire la profonde détresse de cette population lorsque viennent les « Mis duz », les mois noirs, pendant lesquels les barques désarmées ne rapportent plus même le poisson nécessaire à la consommation personnelle. Cet été on jetait les sardines à la mer ou en les enfouissait dans les champs lorsque les usiniers ne voulaient pas les payer un prix rémunérateur. En 1906-1907 et 1908, au contraire, les milliers de barques labouraient la mer sans rencontrer les insaisissables petits poissons. Mais puisque l'abondance n'est pas plus profitable aux pêcheurs que la disette, c'est qu'il y a un déséquilibre grave entre la production et la capacité de consommation. Il faut arriver à rétablir l'harmonie qui permettra aux marins de vivre en contribuant à la prospérité de l'industrie française. Il sera nécessaire également de rappeler à certains fabricants qu'ils ont gagné des millions en manufacturant des boîtes de conserves à l'huile qui leur coûtent 25 centimes et qu'ils revendent 50 à 60 centimes. Il n'est pas légitime que tant de richesse soit édifiée sur tant de misère.

Vivons un peu de l'âpre existence du pêcheur et nous participerons à ses souffrances et à ses joies.

Pendant une partie de l'année, dans la presqu'île de Penmarch surtout, à minuit ou à une heure du matin, les équipages se réunissent à ce qu'ils nomment : « la maison du bateau », c'est-à-dire chez le boulanger-débitant-épicier dont l'établissement sert de siège social à la petite fédération d'intérêts des sept hommes de chaque barque. C'est chez cet aubergiste que l'on se retrouve au départ comme à l'arrivée pour la paie et le règlement des dépenses. Ces débitants universels, puisqu'ils centralisent tous les commerces, ont multiplié les occasions de ces assemblées en fournissant aux patrons des salles où ils peuvent déposer leurs filets, leurs agrès et jusqu'à leurs voiles.

Les députés interpellateurs à la Chambre n'ont pas parlé de ces « maisons du bateau ». C'est que les aubergistes omnipotents tiennent dans leur main leur clientèle endettée et sont les grands électeurs. Jamais un politicien ne pourra les attaquer sans risquer sa réélection. Et cependant à part des exceptions honorables, les tenanciers de ces « maisons de bateau » sont les empoisonneurs persévérants d'une population qui fut magnifique de force, de sobriété et de raison. L'alcoolisme qui sévit furieusement sur le littoral armoricain dégrade non seulement les corps, mais avilit surtout les caractères. Ces marins, les premiers du monde par leur héroïsme, victimes de l'alcool, atteindront un degré de démoralisation qui les mettra très au-dessous des paysans. Cependant, ceux-ci ne possèdent pas cette généreuse qualité de l'homme de mer, l'altruisme, l'esprit de sacrifice pour son compagnon en danger.

Avant le départ, à une heure du matin, les matelots à jeun boivent un *boujaron* d'ignoble tafia industriel, le seul qui racle le gosier et leur chauffe le sang. Puis ils embarquent et, arrivés aux lieux de pêche, lorsqu'ils aperçoivent les mouettes posées sur l'eau, ils savent qu'ils se trouvent à proximité d'un banc de sardines. Alors tous les hommes retirent leurs bérets, esquissent le signe de la croix et le filet est descendu dans la mer. Lorsqu'il est tendu comme une barrière, le patron monte debout sur le roof de son bateau et, avec le geste auguste du semeur, il dispense la rogue à petites poignées. Du fond de la mer des milliers de petites lames d'acier montent vers la surface et bientôt, chacun de ces petits poignards va se ficher dans une maille. Le filet transformé en réseau d'argent est remonté. Autour des sardines encore vivantes tournoient les goelands et les blancs courlis qui parfois, affamés, se précipitent le bec en avant sur les poissons et s'accrochent au filet. Ces oiseaux de lumière sont jetés au fond de la barque parmi la pêche miraculeuse.

L'habileté professionnelle du patron aide beaucoup à l'heureuse chance. L'un des marins sardiniers les plus remarquables de la Bretagne, le célèbre sauveteur Auffret, m'assurait que, de son lit, la nuit, en sommeillant, le bon patron doit rêver aux courants, aux vents, aux marées, aux changements de température, et, d'après ses souvenirs de la veille, arriver à découvrir l'endroit poissonneux qu'il devra visiter le lendemain.

L'esprit du pêcheur doit être sans cesse en éveil. Le vrai sardinier doit posséder un sixième sens qui fait de lui le frère des poissons et le rapproche des éléments au point d'être capable de prédire le temps, rien qu'en entendant les voix multiples de la mer.

Par temps de brume ou en pleine nuit, un marin comme Auffret peut diriger son embarcation à travers les récifs, sans feux, rien qu'en écoutant le bruit des déferlements sur les rochers. Car chacun d'eux possède son aboiement spécial, une plainte ou un hurlement. Et c'est ainsi qu'à travers la barre écumante de Saint-Gwenolé où semblent disparaître les barques à leur rentrée au port, les patrons, debout au gouvernail, demeurent attentifs aux mille cris des vagues sur les brisants et ce langage de la mer les sauve du danger.

Aussitôt à quai, le patron va présenter ses sardines aux acheteurs qui se trouvent réunis en haut de la jetée. Les commis des friteries examinent et offrent un prix, le plus bas possible. Et comme il existe une entente entre la plupart des fabricants, les pêcheurs doivent céder à 5 ou 6 francs un mille de sardines qui devait être payé raisonnablement : 10 francs. Si l'on m'objecte que la conspiration des prix de famine n'existe pas, je raconterai que j'ai assez fréquenté les usiniers pour les avoir entendus s'emporter, sans aucune réserve, contre leurs collègues assez gâcheurs pour offrir un franc de plus au mille que le cours auquel ils avaient souscrit tacitement. Le trust industriel existera tant qu'il n'y aura pas de concurrence et, par conséquent, de liberté dans les achats. D'ailleurs les usiniers peuvent présenter quelques excuses.

Cette année, disent-ils, si nous avions pu introduire des soudeuses mécaniques dans nos fabriques, nous aurions produit davantage et nos achats, plus importants, eussent profité aux pêcheurs.

D'un autre côté, l'économie que nous eussions réalisée sur le soudage à la main nous eût permis d'abaisser nos prix de vente et de rendre accessibles aux ouvriers et aux paysans nos conserves.

Malheureusement, cet été, les soudeurs ont provoqué, à Concarneau surtout, une grève lamentable par tous ses résultats. Quelques centaines d'ouvriers ne peuvent pas s'opposer à un progrès dont bénéficieraient les pêcheurs et, avec eux, les consommateurs, c'est-à-dire l'immense majorité. Cependant on a vu un député mettre en doute la valeur du soudage mécanique tout simplement parce qu'il redoutait de perdre les suffrages des soudeurs. C'est ainsi qu'on plaide la cause du progrès.

Aussitôt le poisson vendu, — il est souvent six heures du soir, — les hommes qui n'ont mangé depuis la veille qu'un peu de pain rassis trempé dans l'eau *pour qu'il coule mieux*, se rendent à leur « maison du bateau » boire un nouveau *boujaron* d'alcool.

Ensuite, il faut sécher les filets et les voiles. A

terre, comme les matelots n'ont aucune obligation envers leur patron, celui-ci doit payer chaque service avec une goutte de tafia ou mieux encore de vulnéraire qui rabote une gorge comme une ancre rouillée peut le faire d'un fond de roc.

Le samedi matin on procède à la tannée des voilures avec la résine malakoff. D'où consommation de mêlé-bière, c'est-à-dire un demi-litre de bière assaisonnée d'un demi-litre d'alcool qu'on boit avant et après l'opération. L'après-midi, importante réunion chez le débitant-boulanger, car le patron a touché à l'usine l'argent de la semaine.

Ces rudes gaillards vêtus de leurs cottes bleues s'attablent autour de la débitante, une maîtresse femme au bonnet d'aplomb sur un front que n'effarouchent ni les insolences, ni les ivresses les plus tumultueuses. Cette commère ouvre le *cahier de bord* de chaque équipage et le patron paye d'abord les dépenses contractées par le bateau en pain ou boisson. Ensuite il partage la somme qui reste en gardant pour lui deux parts, car son embarcation gagne sa vie comme un homme. On clôture la distribution par une rasade générale. Ensuite, chaque matelot règle ses dettes particulières : gouttes d'eau-de-vie supplémentaires, pain, poivre, dont il consomme dix centimes par jour, etc.

Jamais un sardinier ne paie comptant. Aussi quand la pêche ne donne pas, les semaines et les mois de crédit accumulent les notes. Les mauvais payeurs accusent, dans ce cas, les débitants d'inscrire les dépenses à la fourchette.

Aussitôt que le marin gagne, l'argent semble sauter hors de ses poches. Le système de la « maison du bateau » qui ouvre un crédit prolongé aux équipages l'incite aux dépenses. Il maintient les matelots dans la servitude vis-à-vis des commerçants qui consentent à leur vendre sans être payés immédiatement. La population ignore ainsi la prévoyance. Quant à l'alcoolisme, rien ne le vaincra tant que prospéreront ces « maisons du bateau » qui fournissent à crédit de l'ivresse à ce peuple patient et doux. Si l'on veut une preuve de la bonté de ces pauvres marins bretons, on la trouvera dans un fait de grève récent.

Des usiniers de Saint-Gwénolé, effrayés par quelques braillards, avaient obtenu l'envoi d'une compagnie d'infanterie. A ce moment, la sardine abondante était tarifée 2 francs le mille par les fabricants. Les soldats voulurent en acheter, mais les pêcheurs s'obstinèrent à offrir gratuitement leur poisson à ces troupiers défenseurs des usiniers qui les payaient si mal.

Lorsqu'il ne navigue pas, voici comment vit le sardinier dans sa famille. En n'importe quelle saison, il se lève à quatre ou cinq heures du matin et, s'il n'a aucun travail de jardinage ou de réparation à ses engins de pêche à entreprendre, il va s'abriter derrière un rocher et il considère la mer pendant des heures avec une curiosité inlassable, j'allais écrire : avec un amour profond, car, j'ai remarqué de ces braves gens qui soulignaient d'un geste approbateur la magnificence d'une vague éclatant en mille gerbes sur les brisants du littoral.

A sept heures, l'homme regagne sa maison et il mange une soupe à l'oignon et à la graisse accompagnée d'un morceau de pain d'orge, le pain de froment étant jugé trop coûteux. A midi, presque invariablement, la galette de sarrazin trempée dans le lait forme le déjeuner. Le soir, soupe au lait ou cotriade préparée avec des pommes de terre et le poisson pêché des falaises avec la ligne de fond, quand le temps le permet. L'été, le pêcheur achète ses sardines au cours du jour. Il en prendra par exemple 50 pour 30 centimes sur la pêche de son bord. En mer, nous l'avons dit, la seule nourriture se compose de pain sec et d'eau.

L'hiver, le dénuement des sardiniers les oblige à se contenter de soupe à l'eau et au poivre dans laquelle on met à tremper du pain d'orge. Lorsqu'ils ont pu récolter sur les rochers des bernicles ou des pousse-pieds, ils préparent de misérables ragoûts. Le bois manque presque toujours pour le chauffage et si les marins n'avaient point à leur disposition du goëmon lavé dans la rivière, puis mis à sécher et employé comme combustible, ils ne pourraient pas faire cuire leurs aliments. La boisson unique est l'eau, car le crédit est coupé chez tous les boulangers-débitants.

Les locations des maisonnettes habitées par les

pêcheurs atteignent des prix élevés pour la Bretagne. Une seule pièce est tarifée 50 francs par an. La jouissance d'un petit grenier augmente de 20 francs le terme. Une maisonnette de deux petites chambres et un enclos d'un are, atteint 120 francs à l'année. 30 p. 100 des marins sont propriétaires de ces habitations qui valent de 1.000 à 3.000 francs.

La population sardinière est la plus prolifique de France. C'est ainsi que les désastres inouïs ne peuvent l'anéantir. Au XVIIIe siècle, une seule tempête engloutit 500 barques et près de 2.000 hommes. Après la guerre de 1870, la population de Penmarch était tombée à 3.000 habitants. En trente ans, la commune, par le seul excédent des naissances, a doublé, et maintenant 7.000 âmes dont 1.200 inscrits maritimes encombrent des logis devenus insuffisants. La fécondité de ces pêcheurs dépasse l'imagination. Un vieux marin de 84 ans, Jean-Louis Bargain, s'enorgueillit de 83 enfants, petits-enfants et arrière-petits-enfants, tous superbes de santé.

Les garçons se marient à vingt-cinq ans, au retour de leur service à l'État et épousent des filles de vingt ans qui leur apportent trois ou quatre cents francs et une vache. C'est la dot habituelle. La mère de famille est respectée par son mari qui lui remet chaque samedi son gain, sauf 1 ou 2 francs pour son tabac et l'eau-de-vie. Les femmes des sardiniers de Saint-Gwénolé, de Kérity ou du Guilvinec, économes et laborieuses, sont maîtresses

au logis. Dans les villes de Concarneau et de Douarnenez les épouses des pêcheurs sont moins tra-
vailleuses. On les aperçoit, un éternel tricot aux
doigts, rôdant sur les quais ou dans les rues, et
c'est le mari qui, le dimanche, nettoiera la maison.

Depuis plusieurs années ces pêcheurs n'ont pas
gagné un franc par jour. Voilà le fait terrible. Et
comme six à huit personnes composent chaque
famille, si la mère ou les filles ne trouvaient pas à
s'employer comme ouvrières dans les friteries, ce
serait la famine et, par conséquent, l'abandon du
littoral par ces gens de mer, force et courage de
notre marine nationale. Si la crise s'aggrave encore
et si l'on ne peut rétablir l'équilibre entre l'usine
qui consomme et la barque qui produit, la puissance
maritime de la France souffrira une diminution
désastreuse. Deux mesures, immédiatement réali-
sables, pourraient secourir ces populations. D'a-
bord il faut les soustraire aux accapareurs de rogue
qui vendent plus de 100 frans un baril d'œufs de
morue qui ne devrait pas être payé plus de 70 fr.
Le roi Louis XV ému par cette spéculation, —
on voit qu'elle ne date pas d'aujourd'hui, — faisait
acheter lui-même en Norvège et distribuait à prix
coûtant la rogue aux pêcheurs.

Ensuite il convient d'organiser le crédit maritime sur les mêmes bases que le crédit agricole.
Les patrons pêcheurs pourraient ainsi se libérer

de la tutelle écrasante des négociants de rogue, de filets ou d'agrès. Associés en coopératives jouissant d'un capital raisonnable, ils achèteraient les produits nécessaires à leur industrie maritime à des conditions favorables. Enfin, l'organisation, dans chaque port, d'un syndicat en rapport journalier avec les autres syndicats permettrait aux sardiniers d'empêcher l'avilissement des cours du poisson.

Les marins bretons méritent à tous les points de vue d'intéresser la France à leur sort. Cette population surabondante d'énergie constitue l'appoint le plus précieux à la défense de nos côtes. C'est la pépinière de héros qui ont triomphé sous tous les cieux. Pendant les semaines que nous avons passées au milieu d'eux, il nous a été donné d'assister à des traits de courage stoïque. Une fois, c'était une barque qui chavirait et, tout aussitôt, un autre équipage, risquant d'être jeté sur les brisants, virait sur place et venait sauver camarades et bateau en perdition. Presque chaque jour, sur les lieux de pêche, c'est un marin qui se jette à l'eau afin de sauver un homme enlevé de son bord.

Est-ce un métier normal que celui qui consiste à gagner 300 ou 400 francs par an en offrant chaque jour son existence pour nous faire bénéficier, nous autres citadins, de cet aliment excellent ? Tous les pêcheurs que j'ai interrogés avaient naufragé. Certains vétérans comptent leurs naufrages ou leurs sauvetages à la douzaine. Dans leurs chaumières des diplômes roulés dans des étuis de carton et des médailles dorment modestement au fond des coffres. Chaque papier et chaque pièce de bronze représente toute la renommée de leurs humbles existences.

Demeurer indifférent aux souffrances de cette population armoricaine, c'est marquer peu de souci pour notre marine de guerre presque toute composée de ces Bretons. D'un autre côté, ce ne sont pas des représentations à bénéfices ou des quêtes qui relèveront leur condition. Il ne faut pas transformer ces hommes en quémandeurs. Ce que nous réclamons pour eux, c'est le moyen de se libérer définitivement des « maisons du bateau », des marchands de rogue et des trusts qui règlent à leur avantage les cours toujours insuffisants de la sardine.

X

LE RETOUR DES ISLANDAIS

Tandis que je naviguais sur mon canot, dans le golfe du Morbihan, mon matelot se tourna vers moi et s'écria :

— Il y aura encore du pauvre monde dans les larmes cette année. Ah ! les Parisiens auront beau organiser des loteries où les peintres donneront leurs tableaux, ça ne rendra pas les deux goélettes avalées par la mer d'Islande ! Attrape ! Encore cinquante familles en deuil et ça continuera.

Je restai saisi et, tout à coup, le paysage mélancolique de Paimpol s'évoqua. Depuis plusieurs années j'ai coutume d'assister au retour des Islandais, partons !

... Je viens de voir rentrer l'*Adrienne* dans le port. La tour sainte de Kerroch, les falaises et les petits villages qui regardent de leurs carreaux songeurs la mer grise et soupirante, s'enlisaient dans la brume.

La goélette s'avançait sous ses voiles fondues dans l'atmosphère laiteuse. Autour de sa ligne de flottaison des verrucaires blanches avaient tapissé la coque jadis verte. Ce pauvre navire délavé, usé, fatigué, semblait ramener avec lui le froid du nord ; sa carène évoquait un iceberg. A sa proue des hommes effroyablement barbus criaient avec des voix trop grêles pour l'immensité du panorama. Le capitaine et le second paradaient en bras de chemises roses, fraîchement repassées. Ils n'avaient pas mis leurs vestons, afin de leur éviter des taches, à l'atterrissage. Quelques pêcheurs trottaient sur le pont, engauchis par leurs habits de fête, pantalons raides et casquettes à visière d'un pied. Dame ! les Paimpolaises allaient se porter sur les jetées et il convenait de bien « marquer ».

A côté de moi, sur le quai, une douzaine de Bretonnes couvertes de pèlerines en peau de mouton noir jouant l'astrakan et portant la gracieuse coiffe à queue d'hirondelle, agitaient des mouchoirs. Les plus âgées pleuraient autant d'ivresse que d'émotion, car elles avaient bu plusieurs petits « câ-fés » à l'eau-de-vie. Un bon « câ-fé », cela soutient mieux que la viande. Acceptez donc un « câ-fé » ma chère, et elles arrivaient un peu troublées, un peu échauffées. C'étaient des mères. Les jeunes femmes ou les jeunes filles, fiancées ou épouses, cambrées, élégantes, souriaient avec un air d'extase aux gars qui s'agitaient sur la goélette entraînée doucement par le remorqueur.

— Voilà mon homme !

— C'est le mien !

— Oh ! Jean !

— Il n'entend pas !

— Me voit-il ?

Debout sur le beaupré, un pêcheur en tricot

rouge, immobile comme une figure de proue, hurla, lorsqu'il fut à distance :

— Trente-trois mille !

— Ah ! misère, s'exclamèrent toutes les Bretonnes et leurs yeux clairs s'assombrirent.

L'homme avait entendu et il écarta les bras d'un air fatal.

Des Paimpolais s'étaient joints à nous et ils discutaient le chiffre.

— Trente-trois mille morues, disait une vieille femme au profil sauvagement accusé, alors qu'est-ce que nous allons devenir ?

Au cours actuel de Fécamp et de Bordeaux, déclara un douanier, la part d'un homme ne montera pas à plus de quatre cents francs.

— Parlez-moi de la saison 1909, s'écria un vieux maître au cabotage ; un second, de mes camarades, gagna trois mille francs, son capitaine le double et quelques pêcheurs allèrent toucher leurs douze cents francs ! Aussi, mes amis, quels hurlements, quelles gambades ! Un violoneux racla toute la nuit sa boîte à cordes et les jeunes gens dansèrent trois jours, mangèrent à éclater pendant une semaine et burent pendant six mois. Voilà ce qui s'appelle mener une vraie existence de matelot. On souffre toutes les misères à Islande, mais on goûte son Paradis à la maison.

— Parbleu ! reprit le douanier, c'est bien pour ce motif que les Paimpolais embarquent chaque année. A terre, ce sont de vrais rentiers et ils ne se soucient guère d'aller travailler comme journa-

liers à trente sous la journée. Moi, je comprends
ça !

— Oh ! vous, les douaniers, on vous connaît,
vous n'êtes pas forts à l'ouvrage, répartit le maître
au cabotage et cela vous convient toujours de
trouver des compagnons pour l'auberge et pour
le jeu de cartes.

Des rires approuvaient cette boutade, lorsqu'un
gémissement rendit sérieux les plus gais.

— Hélas ! j'ai déjà pris à crédit du pain et de
l'épicerie pour trois cents francs, avouait une
maman entourée de quatre enfants à caboches
broussailleuses. Les armateurs de mon homme
voudront-ils lui avancer de l'argent sur la prochaine campagne ?

— Cette malice ! Ne vous frappez pas, la petite
mère ; ils ne demandent, ces brigands-là, qu'à
verser des primes aussitôt le débarquement, afin
d'obliger leurs pêcheurs à s'engager pour la future
saison de pêche.

— Voilà une « menterie » et j'en sais quelque
chose, riposta la vieille femme, le patron de mon
fils s'est refusé à lui remettre deux cents francs de
prime à valoir sur la prochaine campagne.

« Non ! Non ! Guillaume, qu'il lui racontait
comme ça, je ne veux pas qu'on m'accuse de spé-
culer sur la pauvreté de mes matelots. Tenez !
voilà un billet ; vous êtes un gars honnête et vous
me le rendrez quand vous pourrez. Mais il ne sera
pas dit que vous serez l'esclave d'une poignée de
monnaie. »

— Oh ! sûr, il y a du bon monde dans l'arme-
ment, prononcent quelques Paimpolais, c'est bien
à cause de cela qu'il y a autant de fidélité sur certaines goélettes. Des marins rembarquent vingt
fois avec le même capitaine. Et ce sont les rudes
et meilleurs équipages qui marchent la main dans
la main, du chef au mousse.

... Cependant, l'*Adrienne* s'engageait avec une
lenteur de cortège funèbre dans le bassin, et les
signaux, les appels, les interjections, s'échan-
geaient de plus en plus vifs entre les terriens et les
navigateurs.

Un honorable rentier à casquette fourrée qui vit
sur le port, s'y intéresse et y assouvit la soif inex-
tinguible d'aventures qu'il ne put jamais satisfaire, retira sa pipe de sa bouche gourmande, s'appuya sur sa canne et me frappa sur l'épaule, afin
d'attirer mon attention :

— Hein ! Regardez-les, ont-ils dû souffrir les
pauvres diables ? Lorsqu'on rapporte ses 67.000
morues comme *la Jacqueline*, la goélette la plus
fortunée de la dernière campagne, l'homme se
console de sa misère. Ça le nourrit et le défatigue
de compter ses langues à quatre sous de prime l'une.

— Ses langues ?

— Eh ! oui, ses langues de morue. Chaque fois
qu'un pêcheur sort de la mer un poisson, crac !
d'un coup de son couteau, il lui coupe la langue et
la comptabilité est ainsi facile.

— Vous allez comprendre, m'explique le maître
au cabotage :

« Tu me présentes aujourd'hui quatre-vingts langues, Marie-Joseph, dit le capitaine à son pêcheur, tu as donc gagné seize francs. Et les têtes, monsieur, ah ! ces têtes ! elles servent à préparer une soupe à s'en lécher le creux de la main. Tenez, moi qui vous parle, j'ai fait une campagne en Islande, voici trente-deux ans, eh bien ! quand je pense à ce potage, c'est à me donner envie d'y retourner.

— Oh ! Oh ! capitaine demi-soldier, ne blaguez donc pas, s'écrie le rentier. Voilà un bouillon que vous estimez moins que le tafia de Paimpol.

— L'un n'empêche pas l'autre, riposte le retraité parmi les éclats de rire.

L'Adrienne, abandonnée par son remorqueur, longeait avec lenteur le quai. Tout son équipage s'était porté à babord et, silencieux, regardait la ville et les pompeuses maisons du xviie siècle habitées par les armateurs.

Un mendiant à besace leva son bâton vers les Islandais :

— Ces gas-là ont des faces aussi déteintes que leurs bordages !

L'aspect vieillot des mâtures de l'*Adrienne* saisissait. Le bois en était comme osseux et les vergues formaient arêtes. Ce navire semblait un vieillard sans illusions et il rentrait au port, nostalgique, par cette matinée froide et brumeuse.

Un peu plus loin cependant des femmes et leurs enfants, debout dans des carrioles prêtées par des paysans, attendent leurs époux et leurs pères.

Bientôt j'assiste au déballage du « baluchon » de chaque pêcheur. Son suroit verni et écailleux paraît un grand poisson plat qu'on jette dans le char-à-bancs. Des sabots cloutés, transformés en bottes au moyen de houseaux de cuir, sont lancés sur le « ciré ».

Voici un paquet de « flétans » cristallisés dans le sel.

— Envoyez l'âne, crie une femme, car c'est ainsi qu'on désigne ce genre de fausse morue.

Un jeune garçon passe son doigt mouillé de salive sur leur queue et goûte.

En route ! Le bidet à gros ventre et pattes poilues emmène l'Islandais qui se laisse conduire vers la douceur de ces chaumières dont on voit les fumées monter dans l'air calme comme des oriflammes. C'est ainsi que les villages se pavoisent d'eux-mêmes en l'honneur des arrivants. Ces fumées triomphales annoncent que les pêcheurs mangeront chaud et sainement. Adieu la petite cambuse, sorte de caisse mal arrimée sur le pont et qu'un coup de mer emporte parfois avec le mousse cuisinier occupé à la préparation de la fameuse soupe aux têtes de morue.

Voilà qu'on arrive à Ploubazlanec, à Kérity ou à Pors-Even, et, ma foi ! au passage, on tire son bonnet et on jette un regard sur les extraordinaires cimetières à la mémoire des disparus.

Cette année une cinquantaine de nouveaux cartouches seront fixés aux murs :

« A la mémoire de... disparu à Islande. »

... Mais voici la chaumière accueillante ou la maisonnette en granit rose. Le pêcheur saute de la carriole et s'arrête émerveillé devant son pittoresque intérieur qui représente pour lui le grand luxe comparativement au poste d'équipage avec ses rudes couchettes de bois sur lesquelles chaque homme étend sa paillasse. Le buffet-vaisselier à fuseaux garni d'assiettes imagées de Loc-Maria, l'horloge à balancier, le garde-manger sculpté à l'ancienne mode et enjolivé de coqs et de fleurettes, le banc de foyer où il tiendra désormais ses « quarts » dans la tiédeur des braises, le vaste lit-clos à rosaces fuselées, tout l'enchante. Et, s'il met le nez à la fenêtre, il aperçoit sa chère campagne bretonne dorée et violette sous ses ajoncs et sa bruyère.

— Allons ! la bourgeoise, un litre de « bouché » pour fêter mon arrivée.

Très empressée, « la bourgeoise » va chercher au cellier la bouteille de vieux cidre qui part avec la force d'un grand mousseux. La vieille grand'mère avec son profil si caractérisé de casse-noisette, la mère de la jeune femme, grave et silencieuse, car elle songe en ce jour aux « perdus en mer », son oncle, son frère ; l'épouse du pêcheur, rose de plaisir et troublée comme une fiancée, des sœurs et des enfants entourent l'arrivant.

Lui-même fait une triste remarque :

— Les femmes de la famille sont au complet, mais les hommes ?... Bah ! Pas vrai ! Par la mer ou par la terre, on se rejoint un jour, et, de l'autre côté, on se reverra tous. A la santé des présents et des « autres ! »

Quand il a bu, l'Islandais sort de ses bagages un bois fourchu, grand comme la main, et le suspend à la muraille parmi des souvenirs de navigation, lithographies de navires, armes sauvages.

— Père, qu'est-ce que tu accroches-là, questionne un garçonnet ?

— Mon gas, c'est le *mec* avec lequel j'ai pêché cette saison. La ligne de fond avec son plomb et son avançon de chanvre glisse là-dessus et lorsqu'on retire la morue, c'est encore sur cette petite fourchette que frotte le filin. Par Notre-Dame de Perros-Hamon je ne suis pas superstitieux, n'empêche que le bois coupé par moi auprès de la chapelle me porte toujours bonheur. Ainsi, cette saison, je toucherai au mille pêché, cent cinquante francs de plus que les camarades. Ce brin de fagot vaut bien, je suppose, qu'on le garde en souvenir.

— Papa, combien as-tu hâlé de morues sur le *mec* les bons jours, demande encore l'enfant ?

— Cent trente, et comme ce sont de rudes poissons qui font une belle défense, je te le jure, mon polisson, j'avais les bras coupés après ces seize heures de pêche à la gelée. Seulement, vois-tu, nous avions à bord un mousse, Yvon, qui nous apportait une pleine chaudière de café à l'eau-de-vie et nous ressuscitions. N'empêche qu'une fois, ce coquin laissa tomber cinq paires de mitaines trempées dans le sang de morue ! Pouah ! malgré qu'on fût en appétit, ce jour-là, on ne put prendre son café.

— Dis-moi, père, c'est-il vrai que le biscuit qu'on vous donne à manger marche quelquefois tout seul jusqu'à la soupière.

— Oui, mon gros, lorsque le temps est humide. Tu verras cela. Tu verras aussi le jour pendant trois mois. Mais lorsque cette année, le 10 août, nous avons aperçu la première étoile, nous avons tous poussé un cri et les équipages des soixante goélettes ont répondu. Ah ! je t'assure que ce fût une belle clameur sur la mer, et le plus sourd des poissons a dû se réjouir. Notre hurlement signifiait :

— Tiens ! les pêcheurs vont partir et nous laisser vivre en paix. Bon voyage, les Bretons, et ne revenez pas... Mais on reviendra tout de même.

— Moi aussi, dans trois ans, je partirai avec toi, père. Je veux voir Islande.

— Ça ne vaut pas Paimpol, mon petit gas, répond doucement le matelot, mais il faut vivre.

— On vivra, déclara le jeune garçon en tapant le sol de ses sabots.

XI

LES SAUVETEURS BRETONS

L'année dernière, j'ai vécu au milieu des rudes pêcheurs de la presqu'île de Penmark, de ce petit peuple « bigouden » prolifique comme les sardines, afin de réparer les pertes causées par les naufrages et les accidents. Ce pays garde le souvenir d'une tempête, au XVIIIe siècle, qui coula plusieurs centaines de barques et noya deux mille hommes. Mais la vie est près de la mort chez ces Bretons : Qu'importe ! avec ces familles tenaces de quatre et cinq enfants qui font doubler la population en quarante ans. Suivant le mot sauvage d'un matelot :

— Bah ! la garce peut bien m'avaler, il reste de la graine à terre.

En face d'un ennemi qui ne désarme jamais et leur prend, *à coup sûr, chaque mois, quelques camarades*, ces marins vivent dans un état normal d'héroïsme ; aussi les étonnerait-on beaucoup en les félicitant de leur bravoure.

Le comité parisien de l'admirable Société centrale de sauvetage administrée par M. le lieutenant de vaisseau Duboc n'ignore rien de la mentalité, tout à la fois valeureuse et naïve, des équipages sauveteurs.

Je voudrais vous citer une scène étonnante qui m'a révélé le dévouement... chronique, si l'on peut s'exprimer ainsi, de ces marins les uns pour les autres.

A Douarnenez, je connaissais deux sardiniers, S... et J..., assez ivrognes et mortels ennemis. On affirmait qu'ils n'hésitaient pas, à l'occasion, à se battre au couteau. Un samedi soir tandis que je musais sur le môle, j'aperçus ces adversaires, debout sur les bancs de leurs embarcations. Ils les nettoyaient lorsqu'une glissade fit choir J... dans la mer. Empêtré dans ses vêtements de « malakof », il avait coulé. Aussitôt S... se dépouille, se jette à l'eau, nage vers le disparu, plonge, le ramène à son bord et le frictionne rageusement, presque à coups de poing. Enfin le noyé reprend sa respiration et peut remercier son compagnon. Celui-ci, méprisant, refuse de lui répondre. Alors, furieux, le sauvé s'écrie :

— Sale marsouin ! tu m'en as tiré ; je ne suis pas plus lâche que toi ; la prochaine fois que tu te flanques à la mer, je te sors par la peau du cou.

Le sauveteur, hautain, regagna son bord les épaules remontées jusqu'aux oreilles.

Ainsi toute haine cesse devant le danger et ces pêcheurs savent pratiquer une solidarité parfois réellement héroïque. En voici un exemple :

Par gros temps, le détestable port de Saint-Guénolé est fermé par une barre d'eau presque infranchissable. Lorsqu'une barque chavire, elle est presque toujours jetée sur les brisants avec ses hommes, condamnés à une mort certaine. Il y a deux ans, un grain subit, d'une violence extraordianire, fit accourir les barques vers le port. Mais la barre d'eau pouvait rouler les bateaux sardiniers. Le patron de la première embarcation qui se présenta au danger, dans un coup de bravoure, tenta le sort et passa dans une trombe d'écume ; ils étaient sauvés. Mais une clameur d'épouvante s'éleva, l'équipage qui suivait avait chaviré et sept hommes, soutenus aux avirons et aux filets, allaient être broyés sur les récifs.

— Pas de ça, dit laconiquement le patron arrivé en eau calme. Il vira de bord, s'élança une seconde fois à travers la barre, recueillit les naufragés et puis s'en alla vers le large danser à la pointe des vagues en attendant l'accalmie.

... Parmi de tels hommes surgit cependant de toute la hauteur d'un dévouement de trente-cinq années un sauveteur de proportions épiques, le célèbre Auffret, que le gouvernement décora de la Légion d'honneur [1].

Dans la presqu'île de Penmarch, Auffret est surnommé : « Tonton Louis », et la familiarité de cette appellation prouve la popularité de ce marin devenu comme l'ancêtre de cette grande famille de trois mille inscrits maritimes.

J'ai vécu plusieurs semaines dans l'intimité

---

1. Louis Auffret est mort l'an dernier d'une pneumonie contractée pendant une nuit de sauvetage.

d'Auffret et j'ai étudié chez ce navigateur, le meilleur de sa race, le mécanisme de l'héroïsme et sa force souveraine dans un cœur attaché à une charpente de lion ; car, ici, la vigueur physique est inséparable de la puissance morale.

Ma première rencontre avec Tonton Louis m'étonna. Lorsque je vis s'avancer ce pêcheur de soixante ans, de stature moyenne, au visage rappelant celui du grand-père à la verrue de Ghirlandajo, au musée du Louvre, je cherchai dans ce nez aux épaisses narines, dans les paupières lourdes et les yeux cendrés, les traits décisifs révélant le héros. Or, rien dans ce visage ecclésiastique aux rides malignes, rien dans la voix réfléchie et lente, rien dans les gestes mesurés ne pouvait me faire deviner l'autre homme, celui qui se révélait dans les tempêtes. Un béret coiffait Tonton Louis, une veste de chauffeur le protégeait du froid et ses pieds étaient chaussés d'étonnantes chaussures tressées en paille et doublées avec de la peau de lapin. Rien de plus paisible dans l'apparence que le patron de *Maman Poydenot*, l'une des barques de sauvetage les plus glorieuses de France.

Comme le vent rageait sur le littoral et que les vagues commençaient à moutonner, Auffret s'avança vers moi jusqu'au bout de la jetée et sa douce figure tournée vers le large semblait vouloir pacifier la mer par l'exemple de sa sagesse. Ensuite, il m'emmena dans son hospitalière maison qui accueillit tant de naufragés, qui ressuscita tant de noyés, qui entendit tant de cris épouvantés

de mères et de femmes ; car, les nuits de naufrage,
le logis d'Auffret devient le quartier général de la
résistance aux forces détestables de la mer.

Mme Auffret me reçoit dans sa demeure claire
et nette comme une cabine de yacht. C'est une
Bretonne encore belle et énergique, qui sut secon-
der son mari, soigner les sauvés et se jeter à mi-
corps dans la mer par les nuits glacées, afin d'aider
au lancement du canot.

— Lorsque le canon tonnait au sémaphore, me
dit Mme Auffret, lorsque la sirène mugissait dans
les nuits noires, lorsque j'entendais les sanglots
des femmes appelant au secours sous mes fenêtres,
je criais à Tonton Louis : Va !

— Tonnerre de Dieu ! s'exclame soudain le sauveteur d'une voix de cuivre en arrachant son béret
et en découvrant une crinière léonine sur un front
rayé de rides mouvantes comme un flot, tu n'avais
pas besoin de me dire cela, ma femme. C'est plus
fort que moi, il faut que j'aille ou je crèverai de
rage, ici.

— Mais, depuis quelques années, Tonton Louis
souffre d'une pneumonie qu'il a gagnée à demeurer
des nuits de naufrage en chemise et caleçon trempés ; alors quelquefois, ces derniers temps, je lui
disais : « Reste ! Tu as la fièvre, tu en mourras ».
Mais lui se dressait hors du lit et me criait : « Tais-
toi ! Tu n'as donc pas de cœur ». Et il partait sans
seulement se vêtir.

— Comme de juste, ponctue Auffret en donnant
un coup de poing sur sa table.

Et voici que l'autre homme m'apparaît. Non ! Ce n'est plus le grand-père de Ghirlandajo. C'est un loup de mer à caboche celtique, à la tignasse rêche, au cou énorme, veineux, palpitant, attaché à des épaules redoutables. La vigueur qui dormait au fond du corps reposé de ce Breton transparaît maintenant, gonfle ses muscles, injecte les joues, fait briller les yeux, énerve ces mains carrées qui *crochèrent* tant de fois dans la peau des naufragés et tinrent la barre par des ouragans dont les terriens ne peuvent concevoir l'horreur. En décembre dernier, aux côtés d'Auffret, j'ai assisté à un grain qui soulevait des vagues de dix mètres venant charger ce littoral redoutable et mon compagnon, approuvé par les canotiers du bateau de sauvetage, disait :

— Pas vrai ! nous sommes sortis par d'autres temps que celui-là ! Dame ! quelquefois nous tournions quille en l'air. Les *bonshommes*, attachés par le corps à leur banc, buvaient une goutte. Et puis, quoi, les canots de sauvetage, ça se vide automatiquement. Les *bonshommes* aussi ! L'on nageait ensuite rafraîchis de la sueur qu'on avait gagnée à ramer vers les naufragés.

Comment l'idée de consacrer sa vie à l'œuvre du sauvetage était-elle venue à ce marin ?

Nous étions assis dans sa salle à manger blanche,

aux meubles cirés, avec une fenêtre ouverte sur les récifs éclaboussés par l'éternel ressac et Tonton Louis me répondit :

— Ma foi ! la pensée m'en est arrivée après avoir naufragé moi-même. Je perdis mon premier bateau, qui s'aplatit comme un porte-monnaie vide à l'anse de la Torche. Autour de moi, je voyais s'enfoncer, en hurlant de terreur, des camarades qui s'étaient accrochés au liège des filets ou à des planches et, rentré chez moi, je me dis qu'il serait joliment commode d'être secouru par un canot sauveteur. J'avais déjà sauvé un certain nombre de matelots, soit de mon bord, soit en me jetant à la mer, mais ceci ne comptait guère ; mes meilleures actions datent seulement de 1889, époque à laquelle la Société centrale de Paris offrit à Saint-Guénolé la *Maman Poydenot* et que les vingt-quatre canotiers m'eurent nommé leur chef. Bientôt nous étrennions notre belle embarcation en secourant un vapeur qui s'en allait à la dérive.

« L'année suivante, nous eûmes moins de chance. Après avoir lutté pendant des heures, au point que le sang nous giclait des mains par les gerçures, nous ne sauvâmes qu'un équipage de morts. Les paquets de mer les avaient tués ou noyés à leur bord. Une nuit, c'était en février, à onze heures du soir, j'allais me coucher, épuisé par une pêche au maquereau, lorsqu'à travers l'aboiement du vent, j'entendis frapper à ma porte et une voix criait :

— Ouvre vite, Louis, mes frères sont en train

de se noyer à l'entrée du port. Moi, j'ai pu gagner la côte à la nage.

— Nous ouvrons la fenêtre, continue Mme Auffret, nous regardons et nous disons :

— Eh ! l'ami, pourquoi vous tenez-vous à quatre pattes ?

Hélas ! le pauvre malheureux, en luttant contre les récifs, s'était emporté les ongles des pieds et des mains, et, afin de moins souffrir et de n'être pas culbuté par les rafales, il rampait sur les genoux et les coudes. Je le mis au lit, tandis que Tonton Louis courait dans Saint-Guénolé.

— Misère ! reprend Auffret, les pêcheurs étant absents, je ne trouve qu'un homme dans une friterie de sardines. C'était un marin de l'État en congé. Je l'arrache de sa chambre, presque nu, et je l'entraîne vers un canot à sec vers la grève. Comment ai-je pu le mettre à flot ? Il a fallu que j'aie à cette heure la force d'un géant. Enfin, nous voguons.

— Il n'y avait pas d'aviron, remarque Mme Auffret.

— Si, il y en avait deux ! Comment aurions-nous nagé, clame Tonton Louis en frappant du plat de la main son buffet. Il faisait un temps bouché, mais des appels nous aidèrent à trouver la bonne direction. Puis les cris cessèrent. Nous trouvâmes un naufragé évanoui sur un filet à maquereau. Je croche dedans ; je tire ; il était d'un lourd ! Je le croyais seul et j'amène avec lui son jeune frère de douze ans, qu'il tenait embrassé sous les aisselles parce que, jusqu'au bout, il avait voulu le sauver.

Tonnerre de Dieu ! le pauvre mousse était mort, termine Auffret, et ses yeux se remplissent de larmes qu'il tamponne avec son mouchoir à carreaux.

Jusqu'au soir, Tonton Louis me fit accomplir un voyage aventureux à travers l'héroïsme. Et tantôt lui et ses canotiers passaient avec une vague immense par-dessus le pont d'un grand navire coulé pour recueillir l'équipage blotti comme des mouettes sur les vergues ; — et tantôt il se jetait à la nage et s'enfonçait afin de disputer à l'Océan des victimes qu'il avait déjà digérées ; et tantôt, après dix heures de bataille, quand les sauveteurs submergés à chaque minute, allaient devenir eux-mêmes des naufragés, Auffret, debout contre le caisson arrière, leur hurlait :

— Hardi ! mes enfants, mettez toutes vos forces dehors.

Et lorsqu'on rentrait au port avec les marins sauvés, ceux-ci, reconnaissants, offraient un verre d'eau-de-vie à l'auberge, puis l'on se séparait.

— On avait rendu service, comme de juste, termine Tonton Louis.

Tandis que j'enquêtais sur ces sauveteurs, à P. G., un photographe, charmant jeune homme qu'Ibsen eût pu placer dans son *Canard sauvage*, secrétaire du comité local, me dit avec un sourire en me désignant les canotiers de sa station :

— Il ne faut pas vous frapper, monsieur, ces bonnes gens accomplissent un sauvetage comme je prends mon apéritif.

XII

L'ENFANT BRETON

Tout comme l'Enfant-Jésus, le bébé morbihannais vient au monde sur de la paille fraîche.

A peine lavé et emmailloté on le conduit à l'église pour demander au prêtre d'en faire un chrétien. Les voilà tous, parrain, marraine, parents, voisins, convoqués à la hâte et vivement endimanchés. Le nouveau-né en tête, ils déambulent le long des chemins creux et à travers champs et landiers. Qu'il pleuve ou qu'il neige, n'importe ; le frêle nourrisson brave toutes les intempéries car, suivant la coutume ancienne, le baptême ne doit pas être différé.

Pendus de toute leur force aux longues cordes, les gars robustes sonnent à toute volée. Les cloches sonores réveillent le bourg somnolent et se répandent par la vaste campagne. Les sonneurs carillonnent à perdre le souffle pendant que dans l'église le petit chrétien pleure et crie sous l'eau lustrale et refuse le sel de la sagesse.

On lui donne pour patron un de ces vieux saints de la légende, venu d'Irlande, ou bien on l'affuble d'un ridicule prénom : Convoïons ou Onésime.

En face de l'église, un gui avec des pommes enfilées à une branche indique l'auberge. Les gens du baptême boivent copieusement à la santé du nouveau-né et, le soir venu, ils trébuchent dans les ornières et s'endorment dans les fossés.

Il arrive même que la nourrice oublie son nourrisson mais la Providence veille et tous, ivres et joyeux, regagnent le logis où la maman déjà levée prépare les crêpes et le « lait pesé ».

Couchée dans son lit-clos, la maman écarte les panneaux et balance doucement le « ber » de son petit, posé sur le banc.

Le « ber », comme on dit encore en Morbihan, tout comme au XVᵉ siècle, était autrefois chez les paysans aisés un délicieux petit meuble. Sculpté, guilloché, ajouré de fuseaux, il était la note attendrissante de ces intérieurs sévères, parmi les lits fermés comme des tombes et les lourdes armoires. Pendant plusieurs mois, le bébé breton subit le supplice du maillot. L'emmaillotage diffère suivant les régions. A Plougastel-Daoulas, le pays des couleurs violemment contrastées, il consiste en bandes de laine tricotées, ornementées de franges et de dessins bariolés. Ces bandes recouvrent les langes et s'enroulent étroitement autour du bébé qui, raide et solidement ficelé, paraît une momie sous ses bandelettes. Cet emmaillotage est très compliqué, aussi la maman occupée ne peut-elle le défaire souvent... Je laisse à penser ce que cette originale enveloppe recouvre !

Un bonnet de velours ou de drap emprisonne étroitement la tête de l'enfant.

Blonds, roses, leurs grands yeux bleu pâle

ouverts dans des faces souriantes, leurs menottes potelées offertes, comme ils sont gentils les bébés bretons ! Quand vous en apercevez un sur les bras de sa mère, vous vous approchez avec le désir de le caresser et, au moment d'approcher vos lèvres, vous reculez, malgré vous : les joues sont barbouillées, le bonnet rejeté laisse voir parmi les cheveux blonds une croûte épaisse, la petite robe est souillée de bave, entre les plis des poignets des rais noirs zèbrent la peau et une telle odeur se dégage du pauvre petit être qu'une nausée vous éloigne de lui.

Le tableau n'est malheureusement ni trop noir, ni exceptionnel.

Les bébés ne prennent jamais de bain ; à peine si un gros torchon débarbouille leur frimousse. Les langes sont rarement changés, leurs robes en laine ne sont jamais lavées, beaucoup même n'ont pas de bavette et leur menton délicat s'écorche sur l'étoffe humide.

Le bébé se nourrit de gigourdène, sorte de bouillie de blé noir délayée dans du lait. Dès la seconde année il boit du cidre, mange des pommes de terre et de la soupe qui coûtent moins cher que le lait. Je dois dire qu'il ne s'en porte pas plus mal, car, triomphant de la crasse et de la nourriture médiocre, l'air vif de la mer ou de la lande dilate la jeune poitrine et développe les muscles. Nourri au sein et plus tard au biberon, le bébé prospère donc tant bien que mal.

Le biberon breton était jadis un ustensile pittoresque et naïf. En faïence grossièrement décorée de fleurs bleues, rouges et jaunes, il affectait la forme d'une petite cruche, flanquée sur le côté d'une tubulure qu'on introduisait dans la bouche du bébé : on l'appelait « craule ». Le biberon Robert tend à remplacer ce récipient primitif, mais au fond des campagnes, l'on voit encore la craule en terre, sorte de gourde dont le goulot est entouré d'un linge afin d'empêcher le lait de couler trop fort. Bientôt après sa naissance le bébé participe à la vie de la maison. Il ne tient pas encore sur ses jambes mais sa mère l'étend sur sa courtine, dans l'étable, quand elle trait les vaches, dans la cour, quand elle jette le grain aux volailles. Les jours d'été, à l'ombre des pommiers, elle installe le « ber » dans le courtil, file la laine ou le chanvre et, de temps à autre, à l'aide d'une corde, berce son bébé. Il suffit pour qu'il soit sage d'un objet sonore : vieux plat de fer ou cuiller de bois.

Assis sur la pierre de la vaste cheminée, comme l'on prépare le repas, il se barbouille de suie et grignote un fruit vert qu'il vient de saupoudrer de cendre.

La mère va et vient du puits à l'étable, de la maison au cellier un enfant sur son bras, le posant à terre et le reprenant, sans cesse gênée dans son travail mais sans murmure pour ces maternités annuelles qui déforment son corps et remplissent sa vie. Parfois même la maman en tient deux, faisant de ses bras lassés une corbeille où se blotissent les jumeaux.

Dans les familles où vit un vieillard, la garde de l'enfant lui est confiée, et ces deux êtres, chacun aux extrêmes limites de la vie, se tiennent compagnie ; le bébé déjà grave et l' « ancien » presque un enfant.

La maman bretonne, aussi pauvre, aussi simple d'esprit soit-elle, tout comme la maman des villes a la coquetterie de son enfant. Le dimanche et les jours de fête, elle le revêt d'une robe compliquée, presque toujours une réduction du costume maternel.

Le dimanche, en Bretagne, est le plus grand jour des ablutions, mais pour être dans la vérité, je dirai que ces lavages ne dépassent pas le cou et les poignets. Ce jour-là les petites têtes sont soigneusement épouillées jusqu'à la semaine suivante.

Cela fait, on procède à la toilette et les habits de drap fin et les coiffes d'une blancheur idéale recouvrent des corps et des têtes jamais lavés.

Nulle part comme en Bretagne ne se remarque la libre fantaisie des costumes, l'étonnante variété des couleurs et des formes.

Au pays de Quimper, les fillettes sont vêtues de robes en lainage bleu de ciel recouvert de dentelle blanche ; la taille longue et rigide fait songer aux infantes de Vélasquez tandis qu'une jupe à vertugadin bouffe autour des hanches. Un bonnet de velours du même bleu, garni de paillettes et d'aigrettes argentées coiffe les têtes blondes. Ainsi attifées dans leurs robes d'apparat, les fillettes semblent de grandes poupées Louis XIII. La culotte est inconnue du petit breton ; dès qu'il quitte la robe il porte comme son père un pantalon de drap et un « chupen » galonné de velours.

A Pont-l'Abbé, comme à Plougastel-Daoulas, les bonnets à quartiers sont faits de velours rouge, émeraude, bleu et ornés de rubans brodés d'or et d'argent et de fleurs éclatantes. Des fichus d'indienne criarde recouvrent les épaules et se croisent sous des tabliers d'une nuance vive. A Plougastel les garçonnets revêtent le pantalon de toile blanche et la veste bleu de roi aux boutons argentés.

Au pardon de Quelven, j'ai vu la plus drôle collection de petits hommes que l'on puisse imaginer. Qu'on se figure des bambins de trois et quatre ans, les jambes enfouies dans un laid pantalon à pont et pattes d'éléphant et vêtus d'une blouse courte et si raide qu'il eût semblé qu'un cerceau la tenait éloignée du corps ; ces enfants avaient ainsi des silhouettes de toupie. D'autres gamins portaient des blouses en lainage grenat, vert ou brun, brodées de passementerie et de galons de jais ; le classique chapeau breton, de la même nuance que la blouse, s'agrémentait de plumes de poulet et de petits miroirs. La gentillesse de ces petits hommes les sauvait du ridicule. C'était leur jour de fête à eux, car les enfants paysans ne connaissent pas les gâteries et les bonbons. En l'honneur du pardon, moyennant quelques sous, ils peuvent satisfaire leur gourmandise avec quelques prunes ou une tranche de « fard ».

... Oui, dure est la vie du bébé breton ! Aussi la mortalité infantile atteint-elle jusqu'à 50 % dans certains cantons prolifiques.

Un bébé meurt ; l'année suivante un autre le remplace dans le berceau vide. Que d'enfants estropiés parmi ceux qui survivent ! Jambes torses, hanches démises, colonne vertébrale déviée. Le rebouteur a bien passé par là, mais ce chirurgien de campagne n'a pas toujours la main heureuse !

Sur le littoral, la mine éveillée et l'air hardi et entreprenant du bébé marin vous frappe. Il ne redoute rien. Il gravit les rochers, glisse sur les goémons, se taille des bateaux au couteau et pêche les coquillages. Quand il aura quelques années de plus il sera mousse, puis novice et marin comme son père.

Le petit paysan est plus silencieux, plus sauvage. Timide et craintif, il vous regarde, un doigt dans sa bouche, l'autre main dans sa poche sans oser vous souhaiter le bonjour. S'il s'enhardit jusque-là il le fait d'une façon charmante, avec une voix où il y a des larmes.

Les premiers mois il s'amuse d'une vieille casserole ou d'un cercle de barrique ; dès qu'il peut courir, il manifeste son goût pour les exercices fatigants. Son père lui confectionne une voiture... Ce véhicule est le dernier mot du primitif : deux rondelles de bois, une traverse et un brancard ! Attelé par une corde, le petit garçon s'exerce au métier de cheval... Son frère ou sa sœur tiennent les guides et le fouettent s'il rue : ce jeu suffit à les distraire des journées, des années entières.

Ils usent en semaine de vieilles robes longues et des chapeaux défoncés que leur ont légué leurs aînés. Comme ils se roulent dans le fumier, de belles taches de purin font ressortir avantageusement les tons fanés de l'étoffe.

L'enfant breton pleure souvent mais, comme on ne le console guère, ses douleurs sont brèves et il essuie vite ses larmes d'un revers de manche. Les petits villageois hantent les cimetières ; les cimetières fleuris et embaumés leur paraissent de merveilleux jardins. Familiers avec les morts, ils s'asseoient sur les tombes, se penchent sans crainte sur les ossuaires et se battent quelquefois avec un fémur ou un tibia trouvé dans un coin du charnier.

Dans les endroits où le breton est resté intact avec les qualités de sa race, l'enfant révèle une exquise délicatesse. Au cours de nos promenades, bien souvent nous avons eu pour guides des bambins qui refusaient énergiquement les quelques sous que nous leur offrions. Ils nous accompagnaient par plaisir, assuraient-ils. La distinction et la finesse intelligente des petites filles, leurs gestes précieux vous frapperont toujours. Ces enfants feraient, à n'en point douter, de gracieuses créatures, mais à la campagne, après un an de mariage, la femme enlaidit, se déforme et surtout s'abandonne. L'étincelle qui brillait sur la jeune vierge s'éteint sous les cendres que la monotone dureté des jours amoncelle sur sa tête.

XIII

PROCLAMATION DE LA RÉVOLUTION DANS UN VILLAGE MORBIHANNAIS

On a beaucoup épilogué sur les commencements de la Révolution française dans les campagnes de France en 1789. Suivant leurs tendances, les historiens ont été impressionnés favorablement ou bien, ont signalé les extrêmes désordres apportés dans les paroisses par le nouvel état de choses. Lorsque nous disons « nouvel état de choses » il n'était pas si nouveau que cela, car, depuis un demi siècle un grand nombre de paroisses jouissaient de libertés politiques certaines ; elles nommaient à la pluralité des voix (suffrage universel) des délibérants (douze par village) qui formaient un véritable « corps politique ». Le terme même était employé et homologué par des arrêts de la Cour. Il est bon de faire remarquer que la fière obstination des paysans bretons les privilégiait et que toujours ils avaient su traiter de pair à égal avec leur clergé et leur noblesse comme en témoignent irrécusablement tous les titres et tous les cahiers conservés dans les archives de nos bourgs.

Il pourrait être intéressant de présenter avec impartialité des documents inédits extraits des registres du Général d'Arzal (évêché de Vannes). Le Général était l'assemblée des notables habitants chargés de discuter les intérêts spirtuels et temporels de la paroisse. Les membres du Général qui étaient de simples paysans jouissaient d'un pouvoir et d'une indépendance qui leur permettaient de lutter hardiment contre leurs prêtres et leurs seigneurs. Ceux-ci, presque toujours, s'ils réussissaient à faire dépenser beaucoup d'argent au Général obligé de les poursuivre devant les tribunaux, étaient finalement déboutés et vaincus comme en témoignent les innombrables procès intentés par les prêtres, les cultivateurs ou les petits nobles.

Cet état d'esprit indépendant était celui des paroissiens d'Arzal, un humble village situé à l'embouchure de la Vilaine en face d'un petit port naturel appelé : Vieilles Roches, et qui eut l'honneur d'abriter en 1756 la flotte royale de M. de Conflans après sa malheureuse bataille contre les Anglais. Encore aujourd'hui la lande occupe une partie du pays. En 1789 il n'existait guère qu'une seule route carrossable, le « grand chemin » auquel les corvéables travaillaient et qui réunissait Nantes à Vannes. Cette pauvre bourgade était donc bien isolée du monde. En face d'elle, elle avait l'Océan et, par derrière, s'étendaient à perte de vue les landiers. Cependant des paysans intelligents et sensés y habitaient et peut-être, comme compensation à son isolement, une vie intérieure plus intense animait-elle les chaumières et les métairies de ce village.

Depuis un siècle, l'histoire locale s'y composait des habituels procès intentés aux nobles et aux prêtres lorsqu'un décret du Général des paysans, approuvé par le Parlement, décidait la levée d'une taille sur tous les possédant biens de la paroisse, le fort aidant le faible. C'était la formule consacrée. Elle avait sa beauté.

Quelquefois aussi le recteur et ses ouailles se chamaillaient au sujet des réparations de l'église ou de certains offices que les prêtres avaient coutume de célébrer dans une chapelle templière distante de deux kilomètres du bourg. Il y avait encore des poursuites intentées aux fabriques (marguilliers) qui ne voulaient pas rendre leurs comptes et de vigoureuses réclamations contre les héritiers du recteur décédé qui argumentaient afin de ne pas verser à la caisse du Général l'argent de la succession. Ainsi, assez paisiblement et seulement animée par ces querelles judiciaires, s'écoulait l'existence de ce village.

1789 arrive. Les premiers coups de ce tonnerre qui allait tout foudroyer sont écoutés presque avec indifférence. Pontivy et Rennes, deux villes bretonnes ne l'oublions pas, avaient été les annonciatrices de la Révolution. Arzal ne comprenait peut-être pas ce qui allait s'ensuivre et personne ne s'y émut. Qui donc d'ailleurs pouvait prévoir complètement les suites de ce gigantesque mouvement. N'acclamait-on pas Louis XVI en 1789 ?

A Arzal, le 20 mars, assemblée générale des délibérants (nommés au suffrage universel) des anciennes fabriques (marguilliers) et des notables habitants de la paroisse, faite par convocation à la messe matine et au prône de la messe paroissiale. Cette assemblée est présidée, en l'absence de M. le Seneschal de Vannes par Ollivier Flohic, le plus ancien fabricien.

On remarque parmi les assistants : Loncle, greffier de l'amirauté, Mr Kermasson de Kervalle, un gentilhomme, et le Gripp de Trenüe, un noble homme ou devenu tel, récemment, par l'achat du petit manoir de la Trenüe dont il emprunte le nom.

Le sieur Flohic dit aux habitants :

« Messieurs, adhérez-vous aux délibérations tenues à Rennes le 22, 24, 25, 26, et 27 décembre dernier, établissant le vœu général des communautés, communes et corporations et formant le cahier de réclamations de l'ordre du Tiers aux Etats de la province de Bretagne ? »

Le même Flohic observe que la volonté du roy était qu'on nommât un député par paroisse pour présenter les cahiers de plaintes et de doléances.

L'assemblée nomme comme député X. Doré, son greffier. (Evidemment, ces bons paysans élurent une des rares personnes sachant lire et écrire aisément, première condition pour devenir l'utile mandant de ses électeurs.)

Le sieur X. Doré est chargé de se rendre à Vannes le 1er avril pour se joindre aux députés des autres communes du diocèse qui rédigeront les cahiers particuliers des demandes et réclamations de l'ordre du Tiers, notamment en ce qui concerne les foüages, vingtième, franc-fief et autres impositions et abolitions des corvées.

Le Général arrête que le sieur Doré sera muni d'une « grosse » en bonne et due forme de cette délibération et qu'il lui sera payé six livres par jour, de son départ jusqu'à son retour à Arzal.

... Voici le député parti du village, à pied sans doute, à travers les ajoncs, le bâton au poing, ses livres en poche, afin de rencontrer à la ville les représentants de toutes les paroisses du diocèse. On l'accompagne un bout de chemin mais arrivé sur le territoire de Muzillac, on le quitte en formant des vœux pour le bonheur de tous. De loin X. Doré soulève son chapeau dont les galons s'envolent.

En attendant qu'ils obtiennent des nouvelles de leur greffier, les bonnes gens d'Arzal s'occupent de petite administration locale, et tandis qu'un monde nouveau s'inaugure, le 16 août 1789 le Général consent à ce que M. le Recteur fasse placer ou bon lui semblera, la porte de communication qui conduit de la salle basse du presbytère à la cave, facilitant à M. le Bot, le curé, l'accès de son vin.

Comme les nouvelles tardent à arriver, le Général assemblé en corps politique accorde à M. de Kermasson de Kervaille, petit noble de la paroisse, la propriété de son banc à l'église, moyennant un versement de 24 livres. Mais voici que X. Doré annonce de grands changements apportés à l'administration des paroisses par des municipalités, ce mot remplacera maintenant celui de Général.

Le 7 février 1790, le corps politique et la commune de la paroisse d'Arzal réunis en une seule assemblée, déclarent qu'avant de procéder à la formation de la municipalité, il faut fixer la valeur locale des journées de travail qui détermineront l'imposition directe des citoyens dans le cas d'élire ou d'être élu et constater l'état de population de la paroisse afin de connaître le nombre des membres de la future municipalité.

... L'assemblée décide que la population est de mille âmes ; la valeur des journées de travail de 10 sous la jourrée, de sorte que tout citoyen payant trente sols sera électeur et celui qui paiera 5 livres pourra être élu.

On dresse donc, séance tenante, la liste des citoyens en l'état d'élire. En conséquence l'assemblée fixe au lundi 15 du présent mois la formation de la municipalité nouvelle et arrête la liste des citoyens actifs dans le cas d'élire et d'être élus sera publiée, dimanche prochain, au prosne de la grand-messe. Avant de se séparer l'assemblée charge M. Kermasson de Kervaille, le seul noble de l'assistance, d'annoncer le sujet de la convocation.

Suivent les signatures de Le Bot, recteur ; Le Cam, prêtre ; Kermasson de Kervaille ; François Flohic ; G. Le Bot, Jacques Rio. Tous les autres, au nombre d'environ soixante ayant déclaré ne le savoir faire, de ce interpellés. Le dimanche suivant, 15 février 1790, les citoyens actifs sont convoqués à la manière ordinaire, c'est-à-dire par l'annonce au prône, le son de la cloche et l'appel nominal sur la place ou dans leurs maisons : Ils se réunissent dans l'église paroissiale, au bas de la nef, à l'effet de procéder à ces élections qui instauraient le régime révolutionnaire.

M. de Kermasson de Kervaille qui, en sa qualité de hobereau avait la parole facile, leur dit :

« Messieurs, par délibération de la Commune et du Général de cette paroisse, j'ai été chargé de vous expliquer l'objet de votre convocation. Il s'agit, messieurs, de constituer votre municipalité en conformité des trois lettres patentes du Roy sur les décrets de l'assemblée nationale donnés à Paris au mois de décembre 1789 et janvier 1790 et d'une instruction de l'assemblée nationale du 14 décembre dernier. J'ai l'honneur de remettre sur le bureau des exemplaires de ces quatre pièces et d'en requérir lecture. Vous apprendrez par là, messieurs, les règles que vous avez à observer, dans cette opération et la forme que nous devons donner à chaque objet de nos délibérations. »

Le dit sieur de Kervaille dépose les certificats des Instructions et affiches ci-dessus et signe le procès-verbal sur le registre. L'assemblée lui en donne acte, les fait lire par un des membres et arrête de procéder aux différentes opérations, ce qui fut fait comme suit :

1° L'assemblée a reconnu pour scrutateurs à l'effet de recueillir et dépouiller les scrutins pour l'élection d'un président, d'un secrétaire et de trois

autres scrutateurs, Messire Julien Lescop, Yves
Le Cam et Yvon Le Jallé, les trois plus anciens
d'âge.

2º Pour la nomination du Président, le scrutin
ayant été recueilli et dépouillé par les scrutateurs
ci-dessus, M. Le Bot, recteur a été élu président
de l'assemblée à la pluralité relative des suffrages.

3º Pour la nomination d'un secrétaire, M. Le Cam,
prêtre, a été élu secrétaire.

4º Le président et le secrétaire élus ont tout
présentement presté le serment de maintenir de
tout leur pouvoir la constitution du Royaume,
d'être fidèle à la nation, à la loy, au roy ; de choisir
en leur âme et conscience les plus dignes de la confiance publique et de remplir avec zèle et courage
les fonctions civiles et politiques qui pourraient
leur être confiées.

5º Les membres de l'assemblée avant de procéder à aucunes autres élections (nomination du
conseil municipal, prêtent le même serment entre
les mains du président.

6º Au scrutin individuel recueilli et dépouillé
par les trois scrutateurs, M. Le Bot, recteur, a été
élu maire, à « l'unanimité » ! moins trente voix
réunies en faveur de M. de Kervaille !

7º Au scrutin de liste double pour la nomination
de cinq membres du corps municipal, eu égard à la
population de cette paroisse que l'assemblée a
reconnu s'élever au nombre de mille cinq individus,
ont été élus, à la pluralité absolue des voix :

MM. Pierre Seignard, Jacques Rio, Ollivier Flohic, Jean Daniou, François Le Thicc.

8° Au scrutin individuel recensé par les scrutateurs, M. de Kermasson de Kervaille a été élu procureur de la commune à « l'unanimité » moins vingt-quatre voix en faveur de M. Le Cam, prêtre.

9° Par un seul scrutin de liste, il a été nommé douze notables faisant le nombre douze de celui des membres du corps municipal. En conséquence l'assemblée a proclamé les citoyens élus à savoir :

Maire : M. Le Bot, recteur.

Officiers municipaux : Pierre Seignard, Jacques Rio, Ollivier Flohic, Jan Daniou, Francis le Thiec.

Procureur de la commune : M. de Kermasson de Kervaille.

Notables : Boterf, Roussel, Jean et Julien Pivault, Grivos, Tremélo, Dréan, Bouilliard, Roussel Lescop et Santerre.

Tous lesquels ont à l'instant prêté serment de maintenir de tout leur pouvoir la constitution du royaume, d'être fidèle à la nation, à la Loy et au Roy et de bien remplir leurs fonctions.

Fait et arrêté en la dite église paroissiale sous les seings de M. Le Bot, maire, Le Cam, prestre, secrétaire ; de Kermasson, et des officiers municipaux, les autres assistants ayant déclaré ne savoir signer.

... Ainsi il ressort de cet intéressant document que la Révolution française fut proclamée à Arzal dans l'église et que le régime nouveau eut pour premiers chefs : le curé, son vicaire et le gentil-homme de la paroisse.

D'autre part dans le serment prêté, les élus juraient avant tout de maintenir la constitution ; ensuite ils promettaient leur fidélité à la Nation et à la loi, le Roi arrivait déjà bon dernier dans cette énumération des devoirs civiques. Il n'y était pas question de la religion. Normalement, après cette séance, le Général avait vécu. Un nouveau pouvoir l'avait remplacé : le conseil municipal. Et, cependant, telle était la force de l'habitude et le respect qu'on avait pour cette vénérable institution que les anciens délibérants qui, aux termes de la loi nouvelle n'avaient plus aucune autorité, se réunissaient encore à la sacristie le 6 mars 1790, en corps politique et décrétaient diverses mesures, comme celle de placer un banc devant l'ancienne chapelle de Saint-Sébastien. Qui mieux est, et ceci est plus surprenant, le 28 mars 1790, le général adjuge la collecte des foüages aux deux fabriques suivant l'ancienne coutume. (C'était un décret fort important).

On voit par là que les ordonnances de l'assemblée nationales et les formes de l'impôt personnel mirent quelque temps à traverser la France et ne furent pas appliquées de suite. Sans doute, un long travail de répartition était d'abord nécessaire pour pouvoir imposer la contribution directe avec justice.

Mais nous allons trouver mieux. Le 20 août 1790, le Général se rassemble et constate l'absence des juges de la juridiction de Broël (juridiction de la paroisse). Sans doute les fonctions de procureur fiscal et de sénéschal n'avaient pas encore été abolies bien que ces officiers représentassent au plus haut point les pouvoirs seigneuriaux de l'ancien régime. Malgré leur défaut qui semble les étonner, les délibérants discutent une sommation renouvelée de Yves Jollivet, receveur des décimes, réclamant 393 livres 12 sols de la paroisse.

Déjà une première fois en juin 1785 ce receveur avait réclamé cette grosse somme à Arzal, mais les délibérants avaient justement protesté que le Général ne possédant aucune fondation et n'ayant d'autre revenu que les quêtes, ils ne voyaient pas sur quel fondement on pouvait imposer la fabrique aux décimes (ces impôts se levaient sur les revenus et les fondations).

Cependant, l'excellent Yves Jollivet avec la douce tenacité et la sage lenteur d'un fonctionnaire attend cinq années et une révolution pour réclamer à nouveau au Général qui, moralement, n'avait plus d'existence juridique, les 393 livres pour 98 termes échus sur les revenus d'une assemblée qui n'en avait jamais possédés !

En présence de cette réclamation les délibérants donnent leur procure à Maître Josse, avocat à Vannes pour dresser toutes les défenses et réponses à la dite sommation, sous la constitution de Maître Josse père, procureur.

Ne croyez pas que l'affaire soit finie. Le 20 mars 1791, l'honnête receveur des décimes (c'est une réclamation de l'ancien régime !) revient à la charge et on lui répond qu'on le contraindra à renoncer à ses prétentions. Voici six ans qu'il réclame.

Fait typique, le conseil municipal nommé l'année précédente n'a laissé aucune trace de ses délibérations, et, ce qui est plus curieux encore, le 8 mai 1791, le Général adresse une pétition au Directoire du département du Morbihan (nouvelle division territoriale) pour lui demander la permission de faire abattre des arbres de « nulle valeur » qui sont dans l'enclos du presbytère, dans le cimetière et aux environs de la chapelle de Lantiern.

Maintenant les coupes de bois et les dévastations de forêts domaniales ou privées, avec ou sans permission, vont commencer partout — et ceci sera une des conséquences de la confusion entre les divers pouvoirs établis et des conflits (ils existent toujours) entre les affaires civiles, militaires ou maritimes.

Cette séance du 8 mai 1792 devait d'ailleurs être la dernière du Général qui devait céder la place au conseil municipal pour la gestion des intérêts généraux de la paroisse.

Au lendemain de cette assemblée historique pour Arzal, le régime révolutionnaire inaugurera la séparation complète entre les affaires civiles et religieuses, ces dernières rentrant dans le ressort des conseils de fabrique.

Les cahiers d'Arzal sont interrompus à cette date et nous ne saurions rien des suites de la Révolution en ce coin de Bretagne si les registres de correspondance de la municipalité de Muzillac, devenu le chef-lieu de canton de la commune d'Arzal ne nous avait été conservés à partir de l'an V.

Bien entendu, à Muzillac et Arzal comme partout d'ailleurs en France, du nord au midi, les descendants des acheteurs de biens nationaux et toutes les familles jadis révolutionnaires et aujourd'hui devenues de par la possession des biens ecclésiastiques ou seigneuriaux, les plus fermes amis de l'ordre et de la religion ont fait brûler les procès-verbaux des séances de ces cinq premières années de la révolution.

A la date de 2 ventôse an V, nous lisons dans le cahier de Muzillac que : « la métairie de Kergal avait été confisquée sur Maître Champion de Cicé, émigré. La maison ayant été brûlée, il faut demander au département l'autorisation de prendre à Broël en Arzal (ancienne juridiction et propriété du seigneur de la paroisse) le bois nécessaire à la réparation. »

... Nous allons entrer là dans une suite de discussions au sujet de bois... qui ne seront pas piqués des vers, mais disputés et dérobés comme par miracle. Aussi bien, cela constitue l'histoire rurale et intime de la Révolution.

Le 11 ventôse, le maire de Muzillac écrit en ces termes au citoyen David, agent d'Arzal et employé du citoyen Quellenec, administrateur de la commune pour la République :

Le maire de Muzillac défend son subordonné

Duboyer, qu'il avait envoyé chercher à Broël le bois nécessaire aux charpentes de la métairie et l' « émond » pour faire du feu.

Au citoyen David :

Le citoyen Duboyer, agent de cette commune (Muzillac) m'a dit avoir eu une crice (crise, discussion ?) avec vous relativement au bois que nous avons fait exploiter à Broël d'après les ordres du département. Je suis fâché de ne m'être pas trouvé là pour vous prouver que les bois que nous avons fait prendre n'étaient propres qu'au feu. Vous lui avez dit que les hêtres étaient propres à faire des avirons ; quand ils sont verts et de « brin », ils servent encore quelque temps ; mais des bois échauffés tels que ceux que nous avons fait prendre ne peuvent servir qu'à feu. »

Je sais, à n'en point douter, que le citoyen Quellenec (d'Arzal) a cherché à répandre dans Vannes que le département avait une confiance aveugle dans nos opérations. Notre conduite est à l'ordre du jour et nous ne craignons pas la calomnie.

J'en aurait trop long à vous dire sur le compte du citoyen Quellenec qui ne cherche qu'à mettre la zizanie entre les habitants d'Arzal et l'administration municipale de Murillac.

Je vous invite et requiers, au nom de la loi, de me faire avertir du jour de votre commodité, pour me rendre à Broël en votre présence et celle de charpentiers experts, dûment appelés à constater les qualités des bois qui restent.

... Les démêlés s'aggravent. Mais voici le plus comique de l'affaire, un troisième larron inconnu enlève les arbres... sans autre forme de procès.

Le 22 ventôse, le maire s'adresse au département :

Citoyens, à la réception de votre lettre par laquelle vous nous autorisez à prendre du bois à Broël pour faire la charpente de la métairie de Kergal, je me suis transporté à Broël pour désigner les bois qu'il fallait employer, j'ai vu avec douleur que le « bois disparaît à vue d'œil ». Après avoir parcouru le terrain, j'ai aperçu des pièces de 18 pouces d'équarissage sur 30 pieds de long qui avaient été rognées par le bout. Si on n'enlève promptement le bois, il disparaîtra incontinent.

... Ce n'est pas tout. La malheureuse forêt et ses voisines n'est pas au bout de ses tribulations. Les différentes administrations vont littéralement s'arracher leur frondaisons.

Le 12 germinal an V, le maire écrit à l'Ordonnateur de la Marine :

Je viens de recevoir votre lettre qui m'apprend que l'administration du département vous a informé qu'il existait à Broël du bois appartenant à la République. Il m'a été dit que ces bois avaient été destinés à la marine. Ce qui le prouve c'est qu'il en avait été charroyé de 3 à 400 voitures pour être embarquées.

Un gros d'eau les enleva presque tous ; ils furent dispersés sur les paluds et le long des côtes de la Vilaine.

Il existe à Kéralio, maison appartenant au citoyen Haye de Netumières environ 50 pièces de bois qu'il avait données à la République.

Le garde de cette maison est venu nous dire qu'il s'y commettait des dilapidations, ce qui m'a obligé à écrire au département pour en faire l'enlèvement.

Il existe dans le cimetière de Bourg-Paul un ormeau de dix pieds de diamètre sur 30 pieds de long.

L'officier de génie, qui est en ce moment à la Roche-Sauveur m'a dit verbalement que ces bois appartenaient au « génie » et non à la « Marine ».

… Allons bon, voici le Génie qui réclame. Cette fois c'est la fin des forêts en cette contrée.

Il semblerait par la reproduction de ces documents que toute l'action révolutionnaire en cette partie du pays se résumât en contestations au sujet des bois des cy-devant.

Nous trouverons maintenant le souvenir des réquisitions qui marquèrent les premières années de la République.

Le 6 floréal de la même année, le maire de Muzillac s'émeut des charrois extraordinaires exigés de la petite commune d'Arzal qui est bien mal placée pour sa tranquillité car elle voisine le port de Vieille-Roche sur la Vilaine et elle se trouve entre les cantons de Muzillac et de la Roche-Sauveur (Roche-Bernard) sur le grand chemin de Nantes à Vannes.

Citoyens, en appelle le maire, vous assujettissez

la commune d'Arzal à procurer charrettes et chevaux proportionnellement aux autres communes de passage. Nous vous faisons observer qu'Arzal fournit dans les charrois extraordinaires au canton de Muzillac et fournit en outre par semaine deux charrettes et chevaux pour les besoins du détachement cantonné à Vieille-Roche. Nous avons été surpris de voir votre arrêté qui autorise Roche-Sauveur (Roche-Bernard) à étendre ses réquisitions sur notre canton.

L'administration de la Roche-Sauveur s'est décidée à prendre, à deux grandes lieues, une charrette pour les bagages de la 46e demi brigade. Nous vous invitons, citoyens, à donner des ordres pour distraire la commune d'Arzal des réquisitions de la Roche-Sauveur, attendu qu'elle a déjà trois cantons pour prendre toutes ses voitures et chevaux dont chacun est beaucoup plus grand que celui-ci.

... Par ailleurs l'administration départementale soucieuse d'assurer la légalité et la dignité aux assemblées municipales s'inquiétait de la tenue des procès-verbaux.

Hélas ! répondait le maire, les cahiers d'Arzal ne sont pas revêtus des formes qu'ils doivent avoir en pareil cas par l'ignorance de ceux qui composent ces assemblées. Au surplus, les conseillers nommés nous paraissent d'honnêtes gens et ne sont point dans le cas de la loi du 24 frimaire.

Il y avait aussi la question importante des vivres à fournir aux villes par les campagnes. L'on sait assez que si la Révolution avorta et fut remplacée par l'impérialisme, elle le doit à la résistance des campagnes qui ne voulaient plus céder leurs grains, leur pain et leurs animaux contre des assignats.

Au 23 messidor de l'an V la commune d'Arzal avait fourni au citoyen Trochu, garde magasin des vivres à Vannes, un nombre respectable de charrettes de vivres divers pour lesquels il lui était dû de l'argent. La vie agricole avait éprouvé assez peu de changements dans une région où il y avait, avant la révolution, déjà beaucoup de paysans petits propriétaires. Néanmoins un certain nombre de fermiers et métayers se trouvèrent avoir pour maîtres... la république, en l'absence des émigrés dont on avait confisqué les biens.

Pour preuve, cette pièce curieuse du 25 thermidor. Elle émane de la mairie du canton de Muzillac.

A l'agent municipal d'Arzal :

« En vertu de l'arrêté du 23 fructidor, le fermier de la métairie de Bilair sur votre commune, a été autorisé à en jouir pendant un an qui échoira au 13 fructidor prochain (1er septembre vieux « *stil* »).

Entre autres clauses il fut stipulé qu'aussitôt la maturité des grains, ce fermier serait tenu d'en prévenir l'administration qui, de suite, doit nommer un commissaire pour être présent tant à la coupe des dits grains qu'à la batterie d'iceux, pour, la récolte entière être partagée par moitié, entre le dit fermier et la république. Nous vous prions, citoyen, au nom du bien public, de nommer un commissaire digne de votre confiance pour assister à la coupe, à la batterie et au ventage. Mais nous vous prions de bien faire attention avant de procéder au dit partage, de mettre à côté la quantité de douze boisseaux de seigle, de quatre boisseaux et demi de froment et cinq boisseaux de seigle, quatre boisseaux et demi de froment et cinq boisseaux d'avoine, laquelle quantité avait été laissée au fermier pour tenir lieu de moitié de semence, et ce ne sera qu'après que cette quantité sera prélevée qu'il faudra partager le surplus de la récolte par la moitié.

Nous espérons de votre zèle pour faire tout ce qui dépendra de vous pour que la République ne soit point laissée » (lésée, sans doute ?).

... L'administration décréta qu'on nommerait un commissaire. Seulement le difficile fut d'en trouver un dans la commune d'Arzal. Le conseil municipal objecta « qu'il n'en pouvait trouver à le faire gratis et demanda le traitement qui lui serait alloué pendant ce temps ».

Le maire prévient surtout l'administration départementale et la prie de mettre les points sur les i.

« Dans le cas que vous accordiez un traitement veuillez bien en déterminer le montant afin que nous puissions leur en donner connaissance le plus tôt possible, la moisson s'avançant et cette ferme étant à moitié entre le fermier et la République. »

Enfin moyennant un traitement modique de

quelques livres, un brave paysan voulut bien être commissaire au partage.

Avec l'an V de la Révolution et l'an VI et l'an VII, les événements se précipitent et de Paris le volcan s'étend maintenant jusqu'aux plus reculées des communes.

Ainsi le bon petit Arzal lui-même commence à être terroriste ou du moins terrorisé.

On lit sur le registre de la municipalité, au mois de frimaire an VI : « Envoyé au ministre général de la Police de Paris, copie « authentique » du certificat de résidence d'Auguste-Marie La Haye de Silz du 17 frimaire an V. »

... L'orage est à son comble ; la Vendée, la Bretagne commencent à s'émouvoir. On parle des contre-révolutionnaires. Il n'y a plus aucune sécurité pour les cy-devant et les gros propriétaires favorables, pense-t-on, à la révolution royaliste.

Les municipalités de Muzillac et d'Arzal sont pourtant pleines de prévoyance pour eux et elles avertissent en ces termes le citoyen Lecadre, rentier, demeurant à Broël, commune d'Arzal. Nous sommes au 30 germinal an VII.

« Les accidents multipliés qui ont eu lieu dans nos environs nous portent, citoyen, à vous prévenir que nous craignons que vous ne soyez en sûreté dans le lieu que vous habitez, étant éloigné de tout secours. Nous n'avons aucune certitude « qui doit rien vous arriver », mais pour votre propre sûreté et pour ne pas compromettre la responsabilité de la commune « qui vous habite », nous vous invitons à vous retirer dans une cité où ni vous, ni personne n'ayez rien à craindre, et à nous accuser réception de la présente. Signé : Salluc.

Enfin voici la dernière pièce que nous citerons et qui prouvera bien que la Révolution proclamée dans l'église paroissiale d'Arzal sous la présidence du curé, nommé maire, et du gentilhomme de Kermasson de Kervaille, élu procureur, a rompu complètement avec la tradition et le passé.

Recopions sur le cahier ces lignes concises :

« 23 floréal an VII. — Demande adressée au département sur quelle caisse seront payées les deux voitures qui ont conduit les effets d'église de la commune d'Arzal à Muzillac et d'ici à Vannes.

... Puis c'est la guerre partout, la guerre à la frontière et à la chouannerie. Alors tout est aux choses de l'armée depuis qu'à Paris a retenti la grande voix de Danton : Il nous faut de l'audace, encore de l'audace et toujours de l'audace.

Le 8 brumaire an VIII le département demande à la commune d'Arzal « vingt lits complets pour les casernes de Muzillac », « pour ce moment ! ».

Ici l'histoire locale d'Arzal rentre dans la grande histoire provinciale et les faits en sont trop connus pour que nous ne nous bornions pas ces pages aux extraits qu'on vient de lire et qui résument les diverses phases d'une des mouvements les plus formidables de l'humanité.

Sans doute il aura semblé à beaucoup de nos

lecteurs qu'ils considéraient la Révolution par le petit bout de la lorgnette. Qui sait si ses modestes et puériles délibérations ne montrent pas au moins le peuple de nos campagnes tel qu'il était à l'origine, en 1789, dans ses rapports avec son clergé et sa noblesse, fait très important.

Mais, répétons-le, il ne faut pas généraliser cette histoire d'une paroisse. La Bretagne avait toujours connu un régime d'indépendance dont le parlement fut le champion inlassable et incontesté depuis Louis XIV.

Un demi-siècle avant la Révolution, la représentation libre et le suffrage universel existaient, enregistrés par des arrêts de cour. 1789 trouva donc en Bretagne beaucoup de portes ouvertes.

Pourtant le discret messire Le Bot, recteur et maire et M. de Kermasson de Kervaille ne pouvaient prévoir l'avenir de cette révolution dont, si énergiquement, ils s'affirmaient les défenseurs par devant la nation, la loy et le roy.

XIV

CHEZ LES BIGOUDENS

L'étrange et sympathique population de la presqu'île de Penmarch domine tellement son paysage que cette esquisse devra décrire, avant tout, cette race des Bigoudens et essayer de débrouiller un écheveau ethnique pas mal enchevêtré, comme tout ce qui concerne les origines des peuples et leurs migrations.

Avons-nous en face de nous, sur le territoire français, une peuplade asiatique, — des Mongoloïdes ou des Phéniciens, — comme certains écrivains le voudraient affirmer ?

Plus simplement, ces gens seraient-ils des Gaulois miraculeusement préservés de l'influence latine et grande-bretonne ?

Leurs broderies éclatantes dont les dessins mythiques interprètent le soleil rayonnant, les étoiles et les coquillages ammonites, nous renseigneront-ils sur la formation de ces Bigoudens aujourd'hui encore nettement distincts des autres Armoricains par leurs mœurs, leur art, leur intelligente vivacité, leur structure massive et leurs visages qui semblent avoir emprunté aux asiatiques leurs yeux bridés.

*_**

Il faut arriver à Pont-l'Abbé un dimanche, ou mieux encore un jour de grande fête, pour la Tréminou, par exemple, le quatrième dimanche de septembre. Dès la sortie de la gare votre étonnement sera grand. Vous aurez sous les yeux le spectacle le plus pittoresque, le plus surprenant que les vieilles provinces françaises puissent vous offrir.

Les costumes uniques portés par les « Bigoudens » vous saisiront dès d'abord, si vous avez l'amour des vêtements et des types archaïques.

Au sortir des barrières de la voie de fer, vous passerez à travers une foule bigarrée, chatoyante, rutilante : femmes casquées de paillettes multicolores, hommes cuirassés d'or rouge et d'or vert !

Leurs faces aux pommettes saillantes, leurs yeux d'idoles bouddhiques surprendront l'étranger.

Observez leurs corps lourdement carapaçonnés et pourtant désinvoltes ; écoutez leur langage alluvionné de plusieurs patois bretons et remarquez surtout leurs broderies répétées sur les manches, les gilets, les corsages qu'elles emplissent de leur écriture symbolique, et vous aurez l'impression d'être en présence d'un peuple vieux de milliers d'années.

... Du Nord au Sud, il n'est certes pas sur le

territoire français d'équivalent à cette colonie débarquée peut-être dans la presqu'île de Penmarch pour y remplacer les autochtones.

Du Cleuziou, et avec lui d'autres érudits, ont rattaché ces broderies à l'art gaulois, tandis que le docteur Aubry reconnaissait nettement des attributs religieux de l'Inde dans ces dessins.

Ce petit peuple bigouden, si étrange et si différent de ses voisins de la Cornouaille ou du Léon, a fait couler des flots d'encre. Certains Bretons fanatiques, ne voulant pas admettre d'éléments impurs dans leur race, ont affirmé qu'il était Celte, alors que la généralité des Celtisants, se basant sur la jalousie inexplicable qu'inspirent aux Finistériens les habitants de la presqu'île de Penmarch, prétendent que les Bigoudens sont des étrangers venus à la suite d'on ne sait quelle migration de navigateurs sur le sol de l'Armor. D'ailleurs des travaux récents et indiscutables prouvent que les négociants phéniciens connurent la petite et la grande Bretagne et y commercèrent.

Cette question des races européennes s'obscurcit plutôt qu'elle ne s'éclaire. Voilà-t-il pas que certains savants mettent en doute l'invasion aryenne qui, croyait-on, avait peuplé l'Europe ? L'on a trouvé en France des fossiles humains qui prouveraient qu'elle était habitée aux époques les plus reculées, bien longtemps avant les invasions certaines des peuplades asiatiques, ligures et gauloises. La France est donc un immense creuset où les races diverses et innombrables se sont fondues, et ont mélangé leurs éléments latins, celtes ou mongols pour former un peuple : les Français.

Mais pour l'ethnographe, des caractères physiques et moraux auxquels le climat n'est pas demeuré étranger, différencient les Bretons des Normands et les Auvergnants des Provençaux.

Les Huns, traînant à leur suite des peuplades mongoloïdes, slaves et finnoises, ont pu faire souche en Gaule. Plusieurs savants en ont retrouvé le type en Bretagne, en Auvergne, en Picardie et dans le Morvan.

Quelques mots maintenant sur Pont-l'Abbé et la presqu'île. Pont-l'Abbé est une coquette ville de 6.000 habitants qui réunit les agréments du souvenir et de l'emplacement. L'on connaît à peu près l'histoire de cette cité depuis l'an mil. Lorsque vous arrivez de la gare, après la traversée du faubourg de Lambourg, vous franchissez un pont jeté sur la rivière et vous voyez un château-fort, défendu par une sorte de lagune formée par le cours d'eau. Ce château, dont les vieilles parties datent du XIIIe siècle, ne manque pas d'allure. Sous la Ligue, et plus tard, sous Louis XIV, lors de la révolte des paysans contre les impôts iniques du Roi-Soleil, le château fut ensanglanté d'assauts, de prises et de reprises.

L'église paroissiale actuelle faisait partie du

couvent des Carmes fondé en 1383, par Hervé du Pont. Le nom de la ville viendrait donc de cette famille noble qui contribua à l'édification de cette église remarquable par son portail encadré de six colonnettes et percé de deux portes ogivales. Une fenêtre, avec rose, rayonne au-dessus du porche. Au fond de la nef, une magnifique rosace s'ouvre dans le grand pignon.

De vieilles demeures et l'hôtel, construit en 1652, par la famille Prat-Glaz de Kernafflen, prouvent qu'au XVIIe siècle la richesse des nobles habitants de Pont-l'Abbé était considérable.

Mais si nous voulons avoir une haute idée de l'aisance de la population bigouden au moyen âge, il faut parcourir la presqu'île, considérer ses églises monumentales, maintenant isolées en pleine campagne, admirer au passage des châteaux et des maisons fortifiées comme ce Pors-Lambert, qui serait une ancienne grange où l'on récoltait la dîme.

Penmarch, qui a donné son nom au pays, a connu la plus haute fortune aux XIVe et XVe siècles. C'était une des plus grandes villes sur l'Océan et le premier port de France pour la pêche de la morue, de la sardine et des gros poissons.

De Penmarch à Kérity, pendant plusieurs kilomètres, vous suivrez les traces de rues pavées et de temps à autre une belle construction se trouvera sur le passage de ces anciens boulevards habités des riches armateurs. Ce qui est plus extraordinaire, de mauvais chemins creux, bordés de ronciers, s'appellent encore : rue des Argentiers ! rue des Merciers ! etc.

On ne peut se défendre d'une réelle émotion, lorsqu'on songe qu'une grande capitale pût sombrer dans la mer au XVIe siècle, sans qu'aucun texte précis nous renseigne sur ce cataclysme, l'un des plus considérables du littoral français. N'est-il pa inouï que cet affaissement du sol, ce mouvement sismique remuant ce coin du globe et faisant disparaître peut-être des milliers d'êtres et de maisons, et chassant à tout jamais les bancs de morues, n'ait pas laissé, dans la mémoire des hommes, un souvenir horrible et précis ? Allez donc écrire l'histoire de Bretagne, depuis ses origines, lorsque des cataclysmes vieux à peine de quatre siècles, paraissent aujourd'hui légendaires !

Promenez-vous donc à Penmarch, parmi les ruines de cette Carthage armoricaine qui rivalisa avec Nantes et rayonna sur l'Océan avec ses grands navires à châteaux d'avant et d'arrière ! La plaine basse s'élève à peine au-dessus du niveau de la mer. La presqu'île paraît un radeau trop chargé de monuments énormes qui dominent son sol et avertissent le voyageur qu'il parcourt une terre jadis fortunée et si habitée qu'il n'y avait presque plus de campagne, mais des faubourgs agglomérés à la capitale : Treoultré-Penmarch. Ainsi, les ruines de Kérity, la tour de Saint-Guenolé, la chapelle de la Joie et surtout l'église de Penmarch, attirent et retiennent l'attention, car seuls, ces édifices jaillissent hors des champs écrasés et l'œil les aperçoit entre le ciel et l'eau infinie.

On affirme que la première fois que M. Léon Palustre, le savant archéologue, se trouva en face de l'église de Penmarch, l'antithèse de cette construction énorme, d'un art raffiné, en ce pays maintenant pauvre, le stupéfia tellement qu'il crut à une vision et qu'il palpa les murs de ce monument.

Sur les murs de cette église, on voit la représentation des galiotes et des vaisseaux qui appartenaient au port de Penmarch.

Une scène curieuse est à noter : un bateau fait la pêche. On aperçoit le diable chassant les poissons au fond de la mer, lorsque saint Nonna, patron de la paroisse, apparaît, poursuit le démon et permet aux marins d'avoir une pêche fructueuse. Le clocher, la tourelle, les pignons, la nef, l'ancien ossuaire, sont d'une admirable élégance de style.

... A Loctudy, pénétrez dans l'église romane du XIe siècle, l'une des plus remarquables de Bretagne. A Kérity, n'oubliez pas les ruines imposantes de Sainte-Thumette. A Saint-Jean-Trolimon, voyez la chapelle et le calvaire, et revenez à Pont-l'Abbé par la chapelle de la Tréminou. Ensuite, demeurez convaincu que vous voyez les vestiges d'une civilisation avancée et d'un peuple qui connut les gloires paisibles de l'art et du commerce.

* *
*

Après cette rapide excursion dans la presqu'île, afin de situer la curieuse population des Bigoudens et montrer le degré de prospérité de leurs ancêtres immédiats, efforçons-nous d'élucider le problème ethnique et, sans prendre parti pour l'un et l'autre des érudits qui ont disputé la question, exposons les faits qui prouvent au moins l'origine archi-millénaire des habitants de la presqu'île.

Tout dans la symbolique de la coiffe et des broderies affirme que le culte de Vénus, du soleil et des étoiles fut célébré par cette race à l'aurore de sa migration sur le sol armoricain.

D'abord le terme bi-gouden a une signification essentiellement érotique. C'est le phallus celte, et les détails de la coiffe appelée « Bigouden » sont évidemment inspirés de ce culte.

Encore maintenant les broderies au fil blanc qui décorent cette coiffure représentent le soleil nageant au milieu des étoiles-yeux.

Cette coiffe est assez extraordinaire pour qu'on la décrive pièce par pièce. On trouve, en partant des cheveux :

La coëf-bleo (coiffe-cheveux) sorte de bonnet qui se pose directement sur la tête. Les cheveux continuent de tomber sur les épaules en passant sous le bonnet.

Les Lintr-argant, carrés d'étoffe lamellée de paillettes qu'on place de chaque côté par-dessus les oreilles qui sont toujours masquées.

Le rozeress, bande de coton ou large galon, utile au maintien des cheveux. Le dall-leden, carré de toile qui dissimule le rozeress.

Dall-leden signifie : front large. Jadis cette partie de la coiffe se mettait très en avant, maintenant elle est posée en arrière.

Enfin une coiffe en toile blanche brodée de soleils et de rayons se termine en pointe symbolique.

Des légendes populaires ont voulu expliquer l'origine de cette coiffure. Elle serait, au dire des uns, l'imitation exacte du bonnet de papier dont les vieux ibériens affublaient les criminels qui devaient être exécutés. Les maris auraient ainsi marqué leurs femmes pour se venger de la façon trop hospitalière dont elles accueillirent des étrangers en leur absence.

Certains encore affirment que la coiffe pointue aurait été inventée en manière de protestation contre le découronnement des clochers ordonné par Louis XIV, lors de la révolte des paysans en 1675. Les Bretons, soutenus par le petit clergé, se soulevèrent contre les nouvelles taxes. Pour se venger, le grand roi ordonna au gouverneur de la Bretagne, le duc de Chaulnes, de sévir, et, paternellement, le duc abattit beaucoup de têtes et quelques clochers.

Les femmes, voyant leurs clochers bas, voulurent les porter sur leurs têtes, et c'est pourquoi elles chiffonnèrent leur coiffe et lui donnèrent la forme que nous lui voyons à présent.

Ces explications ont du moins le mérite du pittoresque.

Nous allons maintenant examiner les broderies des corsages, des manches et des gilets, et nous allons retrouver les symboles indéniables des religions primitives. Ceux de nos lecteurs qu'intéresserait cette question devront lire l'ouvrage magistral du statuaire Emile Soldi : *La langue sacrée* (Achille Heymann, édit. 1897).

A Pont-l'Abbé, plusieurs centaines d'ouvriers et d'ouvrières brodent en atelier ou chez eux ces motifs vieux comme le monde. Nous avons pu nous-même les comparer avec les gravures de la Table des Marchands (à Locmariaquer) et du dolmen de Gavr'inis, et si les signes ne sont pas disposés dans le même ordre, ils existent avec des caractères de ressemblance surprenants. Les brodeurs modernes reproduisent, *sans y rien changer,* les figures antiques. Et ceci n'est pas le moins étonnant.

Nous devons à M. Nicolas, un maître de la broderie, les explications suivantes. Autrefois de laine rouge ou jaune, les broderies sont maintenant faites en soie de trois couleurs : or rouge, or jaune, or vert. En prenant un gilet par le haut on trouve : une ou plusieurs lignes de Dren pesk (arêtes de poisson). Entre ces lignes on brode des : « fausses culières » et on les sépare par des : Corn maout (corne de bélier), appelées aussi plumes de paon et semblables aux palmes que portent les esclaves sur les bas-reliefs en céramique du palais de Darius.

Plus exactement le « Corn maout » représente les cornes renversées du bélier, animal sacré.

On trouve encore répété plusieurs fois : le « Cha-ned ar ved » (la chaîne du monde), la chaîne sans fin, image de l'immortalité chez les Celtes. Entre chaque fleur de paon, le brodeur place un balai et des œillets et au-dessous, des points croisés et un nœden droed (fil tourné). De chaque côté du gilet, des fougères sont terminées par un fer à cheval. A noter encore sur le chupen (veste courte) : la fleuren goarn (fleur du coin, brodée à l'emplacement du cœur).

Cette fleuren-goarn est d'une symbolique sentimentale assez touchante pour qu'on y insiste.

Or, tandis que j'écris, j'ai sous les yeux des figures dessinées par le docteur Letourneau sur des monuments mégalithiques que certains ethnologues voudraient dater de l'âge de la pierre polie. J'y retrouve nettement : le corn maout, les œillets en forme d'anneaux avec un point central, les cercles concentriques, l'image du soleil et des étoiles. Le savant secrétaire de la société d'ethnologie se rapportant à tous les caractères alphabétiformes connus a même voulu expliquer certains de ces signes rupestres qui se retrouvent dans toutes les parties du monde, en Tunisie, au Pérou, etc. Lorsqu'on sait d'autre part que des poteries de plusieurs milliers d'années trouvées chez les Incas, en Bretagne, en Italie, reproduisent les motifs qui sont brodés sur les manches des femmes bigoudènes, on ne peut, à priori, rejeter comme absurde, les propositions ayant pour but d'établir que les bigoudens sont peut-être de toute l'Armorique les plus vieux habitants. Les nouveaux Bretons, venus de Grande-Bretagne, ont peut-être grand tort de les considérer comme des émigrants.

Il convient de visiter un atelier de broderie à Pont-l'Abbé si l'on veut se rendre compte de la façon dont cette écriture artistique est rapportée sur les larges manches, les corsages et les gilets. Hommes et femmes travaillent accroupis sur le parquet comme des tailleurs. Il est admis que les jeunes filles ne dépassent pas une honnête habileté tandis que les garçons deviennent exceptionnellement adroits. Et l'on vous explique que les femmes devant se marier et abandonner l'atelier lorsqu'elles ont des enfants, il est inutile de leur enseigner les dessins d'exécution difficile. On leur donne presque toujours à faire les points de chaînettes. Les jeunes filles qui gagnaient autrefois neuf sous pour douze heures de broderie, arrivent aujourd'hui à toucher 7 fr. 25 par semaine. C'est encore si peu que cette année même elles ont promené le drapeau rouge dans les rues en réclamant une légitime augmentation.

L'apprentissage des jeunes garçons commence à quatorze ans. Ils cousent d'abord les vêtements et le linge. Chaque brodeur, est-il besoin de le dire, est doublé d'un tailleur. Dans les petits ateliers, le même artisan sait couper, coudre et broder. Certains tailleurs de Pont-l'Abbé sont renommés dans tout le pays pour leur coupe. Les vêtements : pantalons, gilets et vestes, conservent une certaine ampleur et une certaine forme qui les feraient reconnaître en tous lieux, même si le drap noir n'était pas orné des motifs brodés bigoudens.

A l'âge de quinze ans, l'apprenti s'exerce aux broderies des chemises. Il est regrettable de voir disparaître les cols brodés pour les hommes. Peu à peu, le jeune brodeur s'attache aux broderies de soie succédant aux broderies en fil de coton, et après avoir exercé sa patience sur les « noeden droed » et les « poinchou keonit », il est enfin promu artiste brodeur, et son adresse devient telle qu'il compose les motifs les plus difficiles sans repère et sans dessin d'appui.

Un gilet brodé, suivant son degré d'ornementation, peut valoir de vingt à quatre-vingts francs. Les deux côtés sont dissemblables, ce qui fait qu'à la vérité, suivant que vous boutonnez à droite ou à gauche, vous découvrez la façade du dimanche richement décorée, — ou la façade plus sobre de la semaine.

Si un beau costume brodé coûte une somme énorme pour un paysan, son possesseur le garde, parfois, un quart de siècle et davantage. Il y a compensation, et l'étoffe en est si résistante qu'on conserve dans certaines familles des vêtements âgés d'au moins un siècle.

Puisque nous parlons des habits, disons que le deuil exigeait des étoffes jaunes. La cocarde, le daledenn, la jupe même étaient *feuille morte*, absolument le ton choisi par les Chinois pour indiquer symboliquement leur douleur devant la mort inévitable.

Ce fait extraordinaire renforce singulièrement les croyances en une migration asiatique.

Des écrivains bretons ont objecté que les changements constants dans la toilette doivent nous rendre prudents en ce qui concerne les théories ethniques basées sur le vêtement. Sans doute ! Mais comme aucun ethnologue ne peut nous dire à quelle époque le jaune devint la couleur adoptée pour signifier la mort des proches, nous avons le droit de rechercher... jusqu'en Chine, une mode parallèle et significative.

A vrai dire, l'habit des bigoudens a subi les fluctuations de l'industrie des tissages, et, de même qu'il y a cinquante ans, les épines des halliers servaient d'épingles, en Bretagne, aux grandes coquettes, — de même la toile fournie abondamment par les tisserands villageois incitait les paysans à se tailler des culottes et des jupes bises. Maintenant le drap noir a remplacé les anciennes étoffes, mais ce qui est demeuré, c'est la coupe, ce sont les immuables ou presque immuables broderies.

Bien que convertis au ve ou vi^e siècle par les apôtres venus d'Irlande, les habitants de la presqu'île de Penmarch mêlèrent à leur christianisme des éléments païens. Il est vrai que les Celtes armoricains conservèrent jusqu'au ixe siècle le culte des arbres, des pierres, de l'eau et du feu, et qu'il ne fallut rien moins que les ordonnances sévères de Charlemagne pour leur interdire ces pratiques druidiques qui ont d'ailleurs persisté jusqu'à nos jours.

On retrouve dans la presqu'île de Penmarch, jusqu'au milieu du xvie siècle, des traces de paganisme. En 1650, un certain nombre d'entre les habitants rendaient leurs hommages à Lucine et à Vénus. Ces divinités grecques et romaines n'étaient peut-être, sous des noms différents, que les divinités orientales qu'adorèrent les premiers ancêtres des Bigoudens. Leur atavisme les retournerait donc vers des cultes disparus ?

Cette race, respectueuse de ses plus anciennes traditions, s'est conservée jusqu'à nos jours avec ses caractères ethniques et moraux. Elle est joyeuse, bruyante, éprise de couleurs éclatantes ; elle aime la danse, le chant. Les filles sont hardies. Il faut les voir, le soir du pardon de la Tréminou,

la face brillante de plaisir entre les mille facettes
clinquantes de leur lintr-argant, se griser de mouvement et de cris en attendant de reprendre le travail du lendemain !

Au demeurant, ces bigoudens intelligents, actifs,
aimables, ouverts au progrès moderne tout en ne
reniant pas leur passé, méritent d'être placés au
premier rang parmi les races qui donnent à notre
vieux sol breton sa renommée. Le commerce, de
plus en plus étendu avec l'Angleterre, de la
presqu'île de Penmarch, ses cultures intensives,
ses pêcheurs, son cabotage, son industrie d'art
défendent une théorie qui nous est chère : à
savoir que la beauté et le pittoresque ne sont pas
incompatibles avec le progrès moderne et que l'humanité, de plus en plus sombre de nos villes, aurait
besoin d'un peu de soleil, de couleur et de joie.

XV

LE PARDON DE SAINT-JEAN-DU-DOIGT

Morlaix, sur le quai de Tréguier, le 22 juin, au soir, des mendiants couleur de feuilles mortes, s'en vont vers Saint-Jean-du-Doigt.

Je croise une famille de guenilleux.

Le bruit de leurs bàtons sur les cailloux de la chaussée, emplit les oreilles.

Ils vont marcher et béquiller toute la nuit.

De l'est à l'ouest et du sud au nord, j'en devine d'autres.

Ils montent vers la mer, vers le Pardon.

. . . .

On appelle *Pardons*, en Bretagne, les cérémonies à la fois sacrées et profanes qui attirent, chaque année, des milliers de pèlerins autour d'une église, d'une chapelle ou simplement d'une fontaine placée sous le vocable d'un saint vénéré.

Chaque *Pardon* a sa signification, et des usages immuables règlementent l'ordre et la marche de ces assemblées religieuses.

Rien n'est laissé à l'imprévu et le programme de ces jours fériés réédite les fastes et les coutumes de l'ancien temps.

Voici pourquoi, encore aujourd'hui, le *Pardon*

demeure l'expression de la Bretagne croyante et fidèle à son glorieux passé. Nous citerons, parmi les plus célèbres, le *Pardon de la Troménie*, qui n'a lieu que tous les sept ans, à Locronan, vaste basilique des environs de Quimper. Les pèlerins de la Troménie, quelquefois au nombre de dix mille, processionnent sur un parcours de quatre lieues à travers champs, par-dessus les fossés, dans les terres labourées, et sont même obligés de se déchausser pour traverser une petite rivière, heureusement basse à cette époque de l'année. Ce parcours reçoit le nom de « Chemin de Saint-Ronan ». La légende veut que cet apôtre de la Cornouaille ait suivi souvent cette longue route et, par un souvenir touchant, les bons Bretons accomplissent à chaque anniversaire cette pérégrination pittoresque.

Les *Pardons de Saint-Yves*, dans le Trégorrois, de *Rumengol* et de *Sainte-Anne-la-Palud*, dans le Finistère, sont plus spécialement religieux et sévères ; d'autres, comme celui de *Notre-Dame-de-la-Clarté*, au pays morbihannais, ont un double but : honorer les saints et faciliter les mariages.

Les jeunes fermiers, en quête d'épouses, se promènent autour de la chapelle, et quand ils ont fait leur choix, offrent des amandes douces à la jeune fille. Si la « penrez » (jeune fille à marier) accepte le cadeau, le garçon achète un gâteau rond et prononce :

— Mademoiselle veut-elle casser le gâteau avec moi ?

Ils se considèrent alors comme engagés vis-à-vis l'un de l'autre.

Aussitôt après, les deux familles se réunissent et débattent les conditions du mariage.

A Creac'higuel, près de Rosporden, les jeunes gens de Fouesnant, Pont-Aven, Quimperlé et Scaer se rassemblent pour la procession et les bals. Ce pardon dure trois jours et l'on y voit les costumes brodés et les collerettes godronnées.

En juillet, les touristes accourent à Guingamp. La procession de Notre-Dame de Bon-Secours et les feux de joie, allumés nuitamment, forment un spectacle extraordinaire. Le défilé de dix à quinze mille pèlerins, le cierge ou la torche au poing, à travers les rues moyenâgeuses de la vieille cité, mérite un voyage. La fête commence à dix heures du soir et dure jusqu'au matin.

Il nous faudrait citer encore les Pardons de Fouesnant et sa procession maritime, les bénédictions de la mer à Concarneau, Douarnenez, Tréboul, et énumérer les petits Pardons finistériens ou morbihannais, consacrés à la glorification des oiseaux comme à Toulfoën ou bien à l'hommage des bœufs comme à la Chapelle-des-Marais, à Saint-Herbot, à Carnac.

A six heures du matin, je grimpe sur l'impériale de la diligence de Trégastel. Le courrier ne dessert pas Saint-Jean, mais s'arrête à deux kilomètres du village.

Morlaix s'éveille dans les brumes blanches.

Des pèlerins s'acheminent.

Rencontré quatre vieilles paysannes appuyées sur quatre bâtons d'épine blanche. Elles ont demandé leur chemin en breton. Leurs yeux paisibles regardent la route, déjà éblouissante, puis toutes quatre penchées sur leurs triques, d'un mouvement de vagues qui ondulent, elles sont parties.

... La voiture m'entraîne vers Saint-Jean. Oh ! les rudes côtes pour les bêtes essoufflées ; — et l'on monte des collines rondes, grandes mamelles d'un vert frais sous le ciel léger.

Traversé des villages.

Les hommes fagotaient des amas de lande sèche et dressaient en pyramide des branchages. Ce soir, les paysans tourneront des rondes autour des bûchers en flammes.

Nous arrivons à Plougasnou, un bourg avec une place carrée, une église et son cimetière, des maisons à grosses pierres cernées d'un large trait blanc. C'est rigide et propre. Les gens derrière leurs carreaux ont une vue sur les tombes et la mort, — toujours.

Je descends de la voiture, auprès d'un oratoire en plein vent et je longe la côte.

Le paysage m'apparaît simplement grandiose ; une mer d'indigo, des grèves jaunes et des collines vertes.

Je ne vois rien encore de Saint-Jean, mais le bruit de la foule m'arrive, fondu en un mugissement endormeur.

Le sentier dégringole. Sur la pente, les premiers mendiants installés en avant-garde, guettent les pèlerins.

Devant moi, un affreux estropié, la face en zigzag, le nez perdu en un remou de chair, psalmodie ses lamentations, bras écartés. Il barre le chemin et semble le portier de ce pardon de mendiants.

L'église et le village de Saint-Jean se tassent au fond d'une vallée. Les arrivants, piétons ou voitures, coulent vers le bas de la place ou se versent dans le cimetière.

Je passe l'arc de triomphe, et les frais jaillissements d'un château d'eau retiennent mon attention.

De vieilles femmes armées d'écuelles, offrent le liquide aux pèlerins. Les paysans boivent ou se frottent le visage de leurs paumes trempées.

— Daouden dall ! Daouden malouroz dall !

Ces mots vibrent comme des cymbales. Pauvre aveugle ! Pauvre malheureux aveugle ! braille l'homme en breton.

Je suis en pleine mendicité. La misère se range en bataille, s'accroupit, se couche, rampe, se tord ou s'érige, fouille ou recule ; les yeux, les mains, les attitudes mendient.

Un innocent bêle sa demande et joue de ses doigts incroyablement souples. Vêtu en femme, il trépigne. Deux frères s'accotent, avec chacun une seule jambe.

Ici, l'horreur des chairs tuméfiées. Un jeune gueux, au profil rongé, et les muscles de son cou tendus comme des cordes, saute devant moi à la façon des crapauds.

Là ! les étalages de moignons. Là ! les pieds bots. Là ! toute la racaille professionnelle qui entretient avec de l'herbe au chat de factices inflammations.

A l'ombre d'un mausolée, dorment les petits enfants des mendiants.

Plus loin, des gens entourent une épileptique. Elle est tombée sur une fosse fraîche, et la malheureuse rue et braille.

Dans ce coin, des morceaux d'hommes.

Pas un n'est complet. Où est ta jambe, le vieux ? Et toi, le fils, tu n'as plus de bras et la gamelle de fer aux dents, tu mendies comme un chien ?

— Daou-den-dall ! Daou-den-dall ! répète le grand aveugle dant la voix résonne comme un gong.

Le son des cloches jette aux quatre vents du ciel l'annonce des vêpres. Des chanteurs se hâtent de crier vite et fort :

Je lis, comme titre de leur complainte : « Histor admirabl ».

Soudain le claironnement des cuivres couvre la voix des crieurs.

Des gas de Bretagne, la trompette aux lèvres, le fusil sur l'épaule, passent l'allée du jardin des morts, sonnant à pleins poumons. Les soldats-amateurs s'élancent dans l'église, se placent devant le chœur, présentent et reposent les armes ; les trompettes chantent éperdûment. Le clergé se forme processionnellement. Les dalmatiques d'or étincellent. Les bannières, les cierges, les oriflammes balancent aux mains des jeunes filles. La foule déborde la nef.

En dehors du porche, des fidèles suivent les vêpres. Sur les tombes, des rangées de bonnes gens, dos à dos, égrènent des chapelets, tandis que leurs enfants courent autour de l'ossuaire.

La sortie s'effectue avec joie. Les visages, tournés vers le haut du clocher, considèrent une corde de trois cents mètres qui part de la croix de fer et rejoint le sommet de la colline voisine, par-dessus le village.

La procession s'avance, étendards flottants. Les pèlerins précèdent, encadrent ou suivent les rouges oriflammes, les croix et les chapes des prêtres.

Filles vêtues d'azur, coiffées de cornets de mousselines ; matelots qui portent un navire votif avec des canons à poudre ; paysans verts, bruns ou violets, s'enlèvent sur l'outremer des flots.

Je vois un pèlerin accompagner le dais, tête et pieds nus ; un autre se prosterne dans la poussière ; un autre traîne son lamentable corps d'infirme derrière les reliques.

Des abbés promènent une minuscule chapelle d'orfèvrerie ; elle contient, dans un écrin triplement scellé d'émail, de pierreries et d'or, le doigt de saint Jean-Baptiste.

Les vieux léonards vous raconteront, qu'au temps jadis, existait en Normandie une basilique édifiée en l'honneur des reliques de saint Jean-Baptiste. Un jeune ouvrier breton, pieux comme un ange, ne faisait rien sans prendre conseil de son saint patron, Jean-Baptiste. Il lui confia qu'il désirait retourner dans son village.

Une voix secrète parla :

— Retourne chez toi et tu seras glorieux !

Il partit dans la nuit.

Soudain un grand choc le jeta par terre et il fut inondé de lumière.

Il se releva, et comme il marchait, les arbres le saluaient, les troupeaux s'agenouillaient, les maisons tremblaient.

Alors, il reconnut, attaché à ses vêtements, l'étui de vermeil renfermant l'index de saint Jean, et il le vénéra.

Le brave garçon, rempli de joie, remit entre les mains de son recteur la merveilleuse relique qui avait si bien manifesté son désir de venir en Bretagne.

... Le chef de saint Mériadec, porté sur un brancard par des diacres, suit l'index miraculeux.

Une bannière domine de sa haute taille le défilé processionnel. Tissée de soie et de métaux précieux, elle inscrit dans un médaillon la représentation du baptême de N.-S. par saint Jean-Baptiste. Un montagnard de Cornouaille tient la hampe.

Il faut une force considérable pour maintenir droite la formidable bannière, mais le gas veut se distinguer, et au moment de passer le calvaire, au carrefour de la route, il incline la hampe jusqu'à l'horizontale et la redresse énergiquement. C'est un salut athlétique.

Cependant les pèlerins remontent les routes et leur multitude couvre la colline. Proche une fontaine, un gigantesque cône de sarments et de fagots se dresse, surmonté d'une croix enguirlandée de fleurs artificielles.

Bientôt, au signal du clergé, des servants font partir un feu d'artifice, en plein jour. Les soleils, les gerbes, les chandelles romaines éclatent d'une manière invisible ; l'on aperçoit seulement des pompons de fumée !

Pourtant les regards se tournent vers le clocher et sa corde. Le sacristain, là-bas, fixe une fusée sur un petit chariot. Dirigé par le filin, le pétard enflammera les fagots.

Le vieux recteur lève les bras. A ce signal, d'une galerie du clocher, s'échappe un serpent de feu qui vient se jeter sur les sarments. Le feu de joie flambe et sa fournaise apparaît, un peu rouge sombre, dans l'air radieux.

La foule éclate en transports et redescend au cimetière. Je suis porté jusqu'au fond de l'église par l'irrésistible impulsion des pèlerins.

Au grand autel, un abbé en surplis, tient dans sa main enveloppée de linge fin, le précieux étui du doigt de saint Jean. Les fidèles se pressent pour subir l'attouchement de la relique. Ils passent vite et le prêtre frotte leurs yeux avec l'index d'or.

Je vois de petits enfants qui rient sous le chatouillement et veulent saisir la relique.

... Près de la chaire à prêcher, une balustrade entoure un gros pilier. Au milieu de cette enceinte, le recteur élève des deux mains le crâne de saint Mériadec, enfermé dans une tête d'argent. Il impose les ossements vénérés aux pèlerins. Les plus grands des paysans baissent le front sous le contact ; d'autres, plus petits, se dressent et veulent maintenir le plus longtemps possible leur nuque en communion avec le grand saint ; quelques femmes exaltées retiennent la relique.

... Dour ar bis ! Dour ar bis ! annonce la forte voix d'un vicaire ; et les pèlerins s'empressent à une fontaine attenante au bas-côté de l'église. Deux hommes portent des cierges enflammés comme des glaives flamboyants ; un prêtre, penché sur l'eau, descend dans la vasque, le doigt de saint Jean au bout d'une chaînette d'or. Dour ar bis ! L'eau du doigt !

Les fidèles plongent hâtivement leurs paumes et les ramènent pleines d'eau bénite dont ils frottent leurs yeux.

Près de la vasque, sur un plat de bois, la tête décollée de saint Jean-Baptiste repose, entourée de roses rouges, et il vient de vieilles femmes qui embrassent à pleines lèvres, le front du martyr.

La ferveur des pèlerins augmente. Les porches ne suffisent plus à livrer passage aux nouveaux venus. Des remous, des vagues, des flots d'êtres déferlent. L'abbé du grand autel se lasse de toucher les paupières. A l'hémicycle de saint Mériadec, la ronde ne cesse pas. Comme un Morbihannais, gris de poussière, passe devant moi avec sa femme et deux·enfants, si épuisés, qu'ils ferment les yeux, je leur demande :

— D'où venez-vous ?

— De Saint-Jean-Brévelay, répondent-ils ; nous repartirons cette nuit.

N'est-ce pas joli, ce père, cette mère et leurs deux petits, retournant dans la nuit bleue aux lointaines landes morbihannaises ? Et ils marcheront ainsi, trois soleils et trois lunes, emportant dans leurs cœurs la certitude d'être exaucés.

Mais les mendiants se ruent à leur tour dans la nef. Ils torchonnent la poussière des dalles avec leurs guenilles. A mes pieds, une sorcière rampe. Ses mains se crispent à des triques de bois emmaillotés de drap ; ses sabots ferrés raclent sur le granit.

Des idiots se dandinent avec stupeur.

Comme contraste à ces laideurs, une jeune mère élève son fils, dans ses bras, jusqu'à une torchère. Le bébé, d'une main tremblante, essaie d'y ficher un petit cierge. Mais les flammes l'éblouissent et ses cheveux lui retombent sur le nez. Il n'y voit plus, et de grosses larmes de dépit coulent sur ses joues.

Le pardon religieux est terminé, la fête profane va commencer. A Saint-Jean-du-Doigt elle ne diffère pas sensiblement de ce qu'on nomme les *assemblées* dans la Haute-Bretagne.

Mais ce qui ajoute ici à l'effet des réjouissances populaires, c'est l'encadrement de cette kermesse, son paysage d'une gaîté intense, les belles essences de ses arbres, les collines verdoyantes avec, déjà, par longues traînées, l'or pâle des épis, presque mûrs. L'église, son arc de triomphe, son ossuaire, son cimetière et son château d'eau se dressent, harmonieusement disposés, en haut de la grande et unique rue,

C'est un fait admis, et je n'y disconviendrai pas, que le léonard, ordinairement mélancolique et silencieux, possède une puissance de braillement incomparable le jour du pardon.

Une cohue, d'une rare densité, me forçait à une promenade très lente.

Je me trouvais dans le quartier des fritures. A l'abri d'une cour, des escouades de poêles étaient disposées en bataille.

Des cuisinières, aux visages enflammés, fricassaient impitoyablement de petites saucisses tordues par la chaleur. Un certain pâté de porc étaitsoumis, au moment de la vente, à une deuxième grillade.

Accroupies, des femmes de pêcheurs surveillaient la cuisson de leurs sardines. Des relents de saumure, des fumées âcres mettaient en appétit les clients, car on les voyait se disputer avec des mots précipités et abondants, un pauvre petit poisson réduit à la taille d'une allumette par une fricassée trop prolongée.

D'ailleurs cette cuisine ne dépasse pas les prix raisonnables. — Combien vos galettes, ma bonne femme ? demandai-je à une modeste commerçante.

— Deux pour un sou.

Tiens, Monsieur, achète. C'est bon comme de la crème fraîche. Prends donc.

Assises sur un tronc d'arbre, au milieu d'un champ, des femmes vêtues de noir, aux yeux noirs et aux noires pensées, attendent mélancoliquement le retour de *leurs hommes*. Ils boivent, là-bas, sous les tentes dressées. Ce soir leur grosse ivresse s'épanchera en hurlements et en coups.

. . . .

Le crépuscule est venu.

Des vapeurs montent de la mer. Le flot s'est retiré de la grève de Saint-Jean, très morne. Plus loin les rochers roux dentèlent l'horizon et des îlots, de plus en plus petits, de plus en plus rongés, s'égrènent, s'enveloppent de brume, disparaissent.

Un brick ailé glisse dans une douceur de songe. Il détache sa mâture sur les bandes perlées du firmament et ses voiles paraissent des éclaircies.

Cependant quelques balayures de carmin, sur la muraille fluide du ciel, annoncent l'agonie du soleil.

Une sensation de paix immense repose de la belle exubérance du pardon.

Et je vois venir, sur le chemin du village, des silhouettes couplées ; les amoureux, suivant la coutume antique, se promènent le soir de la Saint-

Jean. Ils se tiennent par le petit doigt, qui est celui du cœur. Les garçons portent des baguettes écorcées de leur main libre. Je vois les fiancés se regarder dans l'ombre, puis épaule contre épaule, rentrer dans la nuit.

Maintenant il fait très sombre.

Des feux de joie flambent sur des grèves lointaines et la mer réfléchit les flammes et les tourmente au gré du flot.

XVI

PLOERMEL ET JOSSELIN

De tout temps, une rivalité semble avoir existé entre ces deux cités voisines.

Plus ancienne, Ploërmel devrait son nom à saint Armel, qui vivait au VIᵉ siècle, dans ce pays sauvage et boisé. Comme toutes les villes bretonnes, elle subit les atrocités de la guerre fratricide que se livrèrent Jean de Montfort et Charles de Blois. Conquise tour à tour par les Anglais et les Français, les catholiques et les protestants se battent dans ses murs et le duc de Mercœur, à la tête des ligueurs, l'assiège sans succès. Depuis, ses fortifications inutiles s'émiettent. font place à des faubourgs ou bien se transforment en étranges logis.

La ville, que les hommes de guerre ne remplissent plus du fracas de leurs armes, végète doucement. Cependant, Ploërmel a été choisie comme sous-préfecture du Morbihan et se trouve dotée d'un chemin de fer qui la relie à Rennes et à Nantes.

Par les vestiges de son passé et sa situation dans un paysage pittoresque, Ploërmel mérite la visite du touriste et de l'artiste. Ses vieilles pierres ont leur histoire tragique et ses logis renaissance, fortement encorbellés et naïvement sculptés, reçurent des hôtes illustres : Mercœur et Jacques II d'Angleterre.

Deux lignes de chemin de fer conduisent à Ploërmel : l'une qui part de Questembert amène les voyageurs venant de Nantes, du pays vannetais et de la Cornouaille ; et l'autre, de la Brohinière, communique avec les lignes de Paris et de Brest.

Ploërmel est bâtie sur un plateau non loin de l'immense forêt de Paimpont qui, jadis, couvrait toute une partie de la Bretagne et qui, à présent, divisée, a perdu son nom poétique de Brocéliande. L'ombre redoutable de l'enchanteur Merlin et les danses de Viviane n'animent plus cette forêt dont le silence est seulement troublé par le bruit des forges. Près de Ploërmel, l'étang au Duc, imposante masse d'eau, est entouré de coteaux boisés.

Ce qui reste des remparts se divise en deux tronçons : l'un, encastré dans des constructions plus récentes, a été converti en maison d'habitation. Une toiture recouvre les créneaux et les meurtrières, légèrement agrandies, sont vitréespour servir de fenêtres. Un contrefort s'avance et surplombe un petit pavillon qui voisine avec un escalier extérieur, un appentis et une boutique de bourrelier. La toiture et les pans de murs disparaissent sous les mousses d'or et les plumets d'herbes rousses.

Rue des Douves, contre les anciennes fortifications et formant avec elles un pittoresque ensemble, vous remarquerez une maison du XVIe siècle, à sablières turriculées ; le deuxième étage, en encorbellement, est couvert sur une de ses faces d'ardoises délicieusement fanées qui ont pris, sous le soleil et la pluie, des tons d'améthyste, des reflets gorge de pigeon, et sont posées sur ce vieux logis déchu comme une mosaïque précieuse. A quelques pas de là, dans une rue étroite, la maison des « Quatre soldats », assez bien conservée, offre son gui, comme enseigne parlante. Qu'était-ce au juste, cette demeure ? hôtel, auberge ou corps de garde ? Elle porte la date de 1586, l'époque de la ligue, et un nom : I : Caro !

En bas, deux cariatides d'hommes nus encadrent une devanture plus moderne, puis, au premier et deuxième étages, deux soldats tiennent par les cheveux des femmes nues ; un moine, un évêque et un bouffon à grelots sont accolés aux poutres. Ligueurs, huguenots et ribaudes s'y querellèrent et s'y divertirent sans doute ?

Beaucoup d'hôtels de la Renaissance, jadis logis de nobles ou d'officiers, appartiennent maintenant à des artisans. L'un est auberge, l'autre sert d'échoppe à un épicier ou à un savetier. Ainsi en est-il de la maison de Mercœur, restaurée récemment, avec sa lucarne richement décorée de personnages et d'attributs mythologiques, son portail d'une sobre élégance et ses croisées autour desquelles s'enroulait une vigne finement sculptée mais que déparent des volets et de grands carreaux. Un peu plus loin, sur la place de l'Union, au sommet du plateau dont la vue s'étend sur la campagne, vers Taupont et l'étang au Duc, une autre maison Renaissance, d'architecture sévère et d'aspect guerrier qui, à n'en point douter, faisait partie des fortifications, dresse ses hautes toitures et ses lucarnes. Il est à déplorer qu'une de ses façades ait paru un emplacement favorable à la publicité. Une tôle bleue qui la couvre presque entièrement apprend au passant l'excellence d'un chocolat et d'une liqueur. Face à cette demeure, des halles antiques, massives, écrasantes. Leurs piliers de granit supportent une lourde charpente et une toiture retombante.

Les rues de Ploërmel, étroites, tortueuses, bordées de vieux logis ou de modernes et banales maisons, nous ramènent à l'église Saint-Armel, vraiment digne de notre admiration. Bien que reconstruite pendant le xvie siècle, elle est d'un style gothique flamboyant à peu près pur. La façade nord, la plus remarquable, a été malheureusement mutilée à la Révolution et a souffert des pluies abondantes de Bretagne.

La particularité de cette église, c'est que, semblable à une gigantesque lanterne, elle est éclairée sur toutes ses faces. Ce n'est plus la pénombre mystérieuse des édifices religieux ; de magnifiques verrières versent à flots dans la nef et le chœur des lueurs de pourpre, d'émeraude, d'or et d'azur. La plus remarquable représente l'Arbre de Jessé ; le coloris en est d'une richesse inouïe et les scènes avec de nombreux personnages en sont habilement composées.

Dans l'un des bas-côtés, l'on remarque les statues

tombales des ducs Jean II et Jean III, provenant du couvent des Carmes, dont ils furent les fondateurs et donateurs. Sur le sol, entre la sacristie et les marches de l'autel, le pied·trébuche sur une dalle funèbre, à demi effacée, où se distinguent encore un blason avec un aigle déployé, une épée et une croix de Malte. Quelque rude chevalier dort là son dernier sommeil, piétiné du clergé et des dévotes.

La partie nord des remparts sépare Ploërmel de la campagne. De ce côté, la ville, en surplomb sur la route, se trouvait fortifiée naturellement. Aujourd'hui, des arbres séculaires lui font une ceinture de verdure.

Le petit chemin de fer économique du Morbihan vous conduit lentement à Josselin. En quittant Ploërmel, il suit parfois le cours de l'Oust, qui est utilisé en cette région par le canal de Nantes à Brest. La vallée large et belle se déploie parmi les landes rocheuses que des touffes d'ajoncs rutilants illuminent.

Lorsqu'on a passé l'après-midi à Ploërmel, il est sept heures quand le touriste arrive à Josselin et quelle que soit son habitude des voyages, des sites grandioses, magnifiques ou pittoresques, il ne pourra s'empêcher d'être saisi devant l'aspect romantique du château de Rohan. Le soleil couchant dore les trois tours guerrières et en accuse les puissants reliefs; sur le roc sombre qui lui sert de base, les valérianes lui font une tapisserie de haute lisse, somptueuse. Les toitures coniques s'élancent dans le ciel et le canal lent, réfléchit la masse imposante du château dans son eau lumineuse. Les arbres de la terrasse, marronniers et acacias, se penchent, balancent leurs grappes vers le géant féodal et lui font des ombres bleues, légères et mobiles.

... Josselin doit son origine à un fait miraculeux.

Jadis, au ${IX}^e$ siècle, croit-on, un pauvre laboureur qui vivait au bord de l'Oust (l'antique Ulda des Romains), dans une vallée inculte et sauvage, trouva au milieu d'un roncier, une statue de la Vierge qui paraissait très vieille. Il l'emporta chez lui, mais, le lendemain, la statue s'échappa et revint à la même place. Etonné du prodige, cet homme simple alla trouver un prêtre qui en référa à l'évêque d'Aleth (Saint-Malo), car autrefois le pays de Porhoët, et Josselin, par conséquent, dépendait de Saint-Malo, tandis que le prieuré de Sainte-Croix et le faubourg situé sur l'autre rive de l'Oust appartenaient au diocèse de Vannes. La rivière limitait donc les deux diocèses.

L'évêque déclara qu'il fallait construire une chapelle à l'endroit même choisi par la Vierge. De là le nom de Notre-Dame-du-Roncier que porte encore l'église de Josselin. De cette chapelle primitive il ne reste que quelques piliers romans encastrés dans l'église reconstruite au ${XIV}^e$ siècle.

Le laboureur avait une fille aveugle qui recouvra

miraculeusement la vue par la puissance de la merveilleuse image. Bien d'autres prodiges s'accomplirent dans ce sanctuaire, si nous en croyons les *ex-voto* en cire qui sont suspendus dans la chapelle de la vierge du Roncier.

Le cartulaire de Redon nous apprend que Guéthénoc, comte de Porhoët, songeait à transporter le siège de sa seigneurie dans une autre partie de son domaine. Frappé sans doute de l'emplacement stratégique que lui offrait, à quelques pas du nouveau sanctuaire, une masse rocheuse qui baignait l'Oust, il y établit une citadelle et fortifia la cité naissante. Son fils Josselin acheva le château et donna son nom à la ville. Depuis, ce nom a toujours été donné au fils aîné des Rohan.

En face du donjon farouche, s'élevait le prieuré de Sainte-Croix par une antithèse assez fréquente à ces époques de guerre et de foi. L'on peut encore visiter sa chapelle romane. Dans le cimetière abandonné, une curieuse croix de granit surgit au milieu des plantes et des fleurs.

Comme toutes les forteresses bretonnes, Josselin subit plusieurs assauts. Dès le XIIe siècle, Henri II d'Angleterre s'en empare et la détruit en partie. Puis, avec le comté de Porhoët, elle passa successivement aux mains des Lusignan, de Philippe le Bel, du comte de la Marche, de Pierre de Valois et d'Olivier de Clisson qui épousa Marguerite de Rohan. Depuis lors, le château n'a point cessé d'appartenir à cette illustre famille.

Mais le plus fameux épisode qui se rattache à

Josselin, est le combat des Trente, qui eut lieu en 1351, entre les partisans de Charles de Blois et ceux de Jean de Montfort.

Le sire de Beaumanoir commandait pour Charles de Blois la citadelle de Josselin, lorsque ému de pitié par les maux qu'enduraient les paysans, marchands et artisans, de la part des Anglais établis à Ploermel, il résolut d'y mettre un terme. Mais ses justes remontrances n'ébranlèrent point Bemborough, le chef anglais. Les deux chefs décidèrent de se battre, eux et un certain nombre de chevaliers qu'ils désignèrent.

Beaumanoir et ses trente compagnons se rendirent au rendez-vous fixé au lieu dit de la Mi-voie, entre Ploërmel et Josselin, *le long d'un genestray qui était vert et bel.* Le combat fut si rude entre Bretons et Anglais que « de sueur et de sang la terre rosoya ».

Un instant, Beaumanoir, accablé, demande à boire et un chevalier lui répond :

— Bois ton sang, Beaumanoir ! la soif te passera.

Bemborough tué et les Anglais défaits, les Bretons revinrent à Josselin, des branches de genêts à leurs casques et chantant à tue-tête la gloire de saint Cado, le patron des guerriers :

> Sur la terre et dans le ciel,
> Saint-Cado n'a pas son pareil.

La chapelle Saint-Maudet s'élève, croit-on, sur l'emplacement du cimetière des chevaliers tués dans le combat et un champ, non loin de là, porte encore le nom exécrable de Bemborough.

Olivier de Clisson réédifia en partie la forteresse de Josselin et contribua à la reconstitution de l'église, édifice gothique remarquable dont certaines parties, récemment restaurées, comme l'oratoire d'Olivier, sont empreintes d'élégance et de charme. Le Connétable commanda son tombeau et celui de sa *très chère et aimée compagne* Marguerite de Rohan, veuve du sire de Beaumanoir. Ce tombeau très remarquable avec ses deux statues couchées, son socle de marbre noir que décorent des statuettes de moines pleureurs, fut mutilé à la Révolution. Une restauration insuffisante nous permet cependant de l'admirer dans l'église, près de l'oratoire.

Josselin, comme sa voisine Ploërmel, eut à souffrir des guerres religieuses. Les huguenots établirent un temple dans le prieuré de Saint-Martin et fondèrent une sorte de corporation de Tisserands dans un faubourg que l'on appelle encore la huguenoterie.

Josselin devint par la suite une petite cité paisible et aristocratique où hivernait la noblesse des environs, comme en témoignent les maisons écussonnées.

Le château de Rohan a été presque entièrement reconstruit au xvɪe siècle. Sur les créneaux de la citadelle qui défendait l'Oust on a habilement juxtaposé un étage orné de lucarnes flamboyantes qui annoncent déjà la Renaissance. Le château a donc gagné en hauteur et en élégance, mais la rivière qui baignait son roc, lors des travaux nécessités par la canalisation, a été séparée du château par une chaussée, ce qui enlève du charme à sa situation romantique. Les fortifications ont été peu à peu détruites et remplacées par des maisons blotties peureusement à son ombre. La façade donnant sur la cour d'honneur est un chef-d'œuvre de grâce ; c'est le gothique dans toute sa merveilleuse floraison, c'est l'exubérance sublime de la pierre avant de tomber dans les ornements touffus de la Renaissance. Les lucarnes doubles avec leurs pinacles, leurs arcs-boutants ; la galerie ajourée d'une infinie délicatesse qui répète avec un luxe et une variété inouïs de détails la fière devise des Rohan, *A PLVS*, sont admirables. Un peu en avant, dans la cour, l'antique donjon du fondateur du château vêt sa sévérité de vigne folle et de lierre amoureux des vieilles pierres.

Fille du marquis et de la marquise de Vertillac, Mme la duchesse de Rohan, lettrée et artiste comme une grande dame du XVIIIe siècle, enrichit chaque jour les salles du château de souvenirs précieux du passé. Ainsi s'est constitué un intéressant musée qui complète la galerie des tableaux où revivent les ancêtres de la célèbre famille de Rohan.

Au XVIIIe siècle les Rohan, qui occupaient à la cour et dans de lointaines provinces de hauts emplois, laissèrent leur château à l'abandon. Il menaçait ruine et c'est seulement depuis vingt-cinq ans que M. le duc et Mme la duchesse de Rohan ont entrepris une intelligente restauration. L'intérieur a été complètement refait avec un goût très sûr et un scrupuleux respect du passé. Le respect du passé est poussé si loin à Josselin que le duc de Rohan n'a pas craint de sacrifier son parc romantique pour le transformer en un sévère jardin dans le style du xvie siècle, C'est peut-être l'unique exemple que nous en ayons en France. Bien différent des Jardins d'Italie, splendides et voluptueux, celui de Josselin ne nous offre que des rectangles de gazon au bord desquels sont plantés à large intervalle des arbres nains en boule, buis et ifs. Pas une fleur ne rompt cette sévérité. Sur les pentes des anciennes douves des fleurs de lys et des dessins géométriques formés par des cailloux de couleur éclatent sur le vert des pelouses. Si l'on regrette la grâce légère des feuillages et le chatoiement des corolles on ne peut s'empêcher de reconnaître que cette décoration austère pouvait seule convenir à la cour d'un château qu'une enceinte de tour guerrière défendait du soleil.

De la terrasse, la vue suit le cours du canal où glissent sans bruit « les chalands nonchalants » et embrasse les coteaux boisés que dore le soleil et qui bleuissent à l'horizon. En face, au bord de l'eau, une rue aux pauvres logis marque l'ancienne route de Vannes par laquelle passèrent les troupes alliées et ennemies, Anglais, Bretons, catholiques, huguenots, et à la Révolution, Georges Cadoudal et ses terribles chouans.

Partie du bas de la rivière, Josselin grimpe à l'assaut d'une colline, et ses rues, ses maisons, s'étagent, se superposent dans un pittoresque désordre.

Presque toutes les maisons ventrues, penchées, hourdées ou sculptées, sont de la Renaissance. Moins remarquables qu'à Ploërmel, leur ensemble est plus charmant. Dès que l'on s'écarte du « centre » de la ville on a l'impression d'être dans un village ; les maisons se couvrent de glycines, de rosiers grimpants. C'est pour cela sans doute et pour sa campagne exquise que Josselin est une des plus séduisantes petites villes de Bretagne.

De même que le titre d'un mauvais opéra de Meyerbeer a donné à Ploërmel une célébrité, les Aboyeuses ont popularisé le nom de Josselin. D'après la légende, la Vierge déguisée en mendiante et repoussée par des lavandières, les aurait condamnées à aboyer ainsi que leurs descendants. Ce n'est qu'en 1728 que le premier cas de cette étrange maladie se produisit. Il fut miraculeusement guéri par la Vierge du Roncier. Depuis, chaque année, les aboyeuses viennent se faire exorciser le lundi de la Pentecôte dans l'église de Josselin. Mais comme ces pauvres hystériques se font de plus en plus rares, les aboiements se taisent peu à peu.

La grande fête de Josselin a lieu le 8 septembre. Elle est surtout remarquable par son cadre et par l'affluence des pèlerins.

Josselin et Ploërmel, voisines et rivales, s'injuriaient et l'on dit encore avec mépris : Graissous (graisseux) de Josselin, et, en parlant des Ploërmelais : Mangeous (mangeurs) de galettes moisies !

XVII

LE GOLFE DU MORBIHAN

Vannes ! Vannes ! prononcent avec de gros accents circonflexes, les employés de la gare. Vânnes ! Vânnes !

Je descends l'avenue de la gare, la rue du Mené et je longe les douves de la Garenne.

Des lavandières s'emploient de leur mieux, au bord d'une eau douteuse, à tordre et à frapper leur linge. Leurs coiffes, aux ailes de mouettes, volètent au rythme des battoirs. Les voix chantantes et un peu pleurantes de ces bonnes femmes, me remettent de suite dans les oreilles, l'accent du terroir, un peu mélancolique comme le soupir du vent dans la lande.

Dans la lumière de juin, les remparts de la vieille cité s'allument, et la tour pansue du Connétable reluit. Au bord des courtines, d'étranges logis paraissent de bons bourgeois en promenade, arrêtés à voir couler la rivière ; un peu derrière leurs pignons aventureux, la cathédrale de Saint-Pierre s'annonce à grandes sonneries de cloches. Un coup de sifflet rauque, prolongé : c'est le vapeur en partance pour le Golfe. Il s'impatiente. Je descends vers le port et cours sous les frondaisons de la Rabine. Des Iliens débarquent, chargés de marchandises, et des Iliennes minces et hardies, qu'auréolent leurs coiffes en diadèmes, sautent légèrement du navire. C'est jour de foire. Pour la première fois, des petits porcs mettent le pied sur le continent et leurs fanfares stridentes annoncent cet événement important de leur existence.

Le vapeur siffle encore, vire de bord et remonte vers la mer. Les vieux logis de la rabine, défilent. De petites servantes en bonnet du matin, regardent entre les vitres scintillantes et des adieux sonores s'échangent. Les toits pointus diminuent, la ville s'estompe, des champs doux et blonds remontent des rives vers des fermes en granit bleu, ombragées de vieux chênes. C'est déjà la campagne ! C'est bientôt le Golfe ! L'estuaire s'élargit. A droite, Conleau et le hameau de Langle surplombent l'immensité plate des terres et des eaux.

La presqu'île de Conleau, c'est le « Point du Jour » ou le Saint-Cloud de Vannes ! Des sapins ont transformé ce coin de sol en forêt miniature. Du sable, laborieusement ratissé et renouvelé à la charrette, a promu ce rivage terreux au rang de grève d'or ; des cabanes de toile, des villas de pacotille peintes de naïves couleurs, une retenue d'eau pour les baigneurs en piscine, des yachts et des canots, un péage pour les voitures, des parcs à huîtres, deux vieux bateaux utilisés comme maisons de pêcheurs, à la David Copperfield, des marins de plaisance, et une préposée à la location de caleçons à bandes rouges, font de

Conleau une aimable station à l'usage des Parisiens ou des Vannetais, qu'effarouchent l'aspect d'une trop grande quantité d'eau salée. Je lève bien vite mon chapeau, et je l'agite. Vous vous demandez peut-être pourquoi cette mimique ? Elle a pour but de signaler ma présence à de braves femmes qui stationnent à l'embarcadère de Langle. L'une de ces rameuses a compris et elle s'empresse vers moi avec son bateau. Elle me fait traverser le petit bras de mer et j'accoste à la collinette que dominent le poste des douaniers et une croix de pierre.

Soudainement le Golfe m'apparaît, éblouissant. Puisque les guides ne signalent pas ce point de vue, un des plus complets à mon sens, je vais y insister. — Aussi bien mon impression demeurera définitive et sans désillusion, lorsque j'aurai l'occasion de parcourir les grèves et les îles qui rayonnèrent, ce matin-là, et pour la première fois à mes regards.

Le Golfe affecte la forme d'un cirque immense, presque fermé à l'Océan. Les deux presqu'îles de Rhuys et de Locmariaquer, les îlots nombreux comme les jours de l'année, Vannes, la campagne profonde, au total un département de mer et de terre, voici ce qu'un coup d'œil permet d'embrasser de Langle. Spectacle sublime et que ni la rade d'Alger, ni le panorama de la Garoupe à la Côte d'Azur, ne dépassent comme intensité de couleur, comme charme, comme harmonie. Et ce qui les fait oublier tous, c'est la vie surabondante de ces grèves bretonnes où remuent des milliers de laboureurs de la mer et de la terre. Les eaux sont sillonnées par les feux éclatants de centaines et de centaines de barques aux voiles d'écarlate, d'or, d'azur ou de verdure, car ces bateaux trempés, semblerait-il, dans les cieux couchants, emportent tout le jour à leurs vergues, les teintes féeriques de l'occident.

Mouvement éternel et incessant ; activité humaine surajoutée à l'activité des flots ; ce golfe sans cesse remontant et descendant, respire au flux des marées, tandis que sa population opiniâtrée à vivre sur une terre combattue des vagues et des tempêtes, fait pousser des cultures resplendissantes autour des mégalithes de la préhistoire.

... Aucun sommet, sauf la tour de Berder, ne m'a paru aussi propice à l'observation totale du Morbihan que ce perchoir du hameau de Langle. Il va me permettre d'essayer une esquisse de cette grande chose insaisissable et fuyante, splendidement belle et pourtant intraduisible par la description ou par la reproduction photographique. Les trop grands panoramas échappent à la plume et à l'objectif.

En face, et très proche de moi, Conleau apparaît comme un site cher à Mlle Zénaïde Fleuriot et à miss Idéal, son héroïne ! En continuant, un peu plus à gauche, les falaises boisées d'Arradon, d'un bleu sombre, sertissent des châteaux récents et pompeux et de bonnes vieilles maisons, roses ou grises. Le bourg jaillit un peu en arrière du cap, et sa flèche darde au centre des maisonnettes claires ; d'autres villages luisent, très blancs sur les rivages d'un bleu fin, le Moustoir, Locmiquel, Larmor et ses chaumières, et l'on devine Locmariaquer. Là-bas, cette tache d'un bleu de prusse, c'est la baie de Quiberon vers laquelle s'avance la pointe de Port-Navalo. D'autres clochers, plantés comme des aiguilles d'acier sur la pelote dorée des champs, marquent des bourgades fondues dans l'atmosphère C'est Arzon et ses gas, Sarzeau et sa tour épaisse, Saint-Colombier et ses minoteries éclatantes de blancheur, Saint-Armel, Noyalo, la puissante église de Sené, sa tour flanquée d'une poivrière, sa rose rayonnante, et c'est enfin, par delà des guérets d'ocre pâle, Vannes, ses églises et les longues façades de ses casernes. Plus loin, et débordant cette préfecture, c'est la terre infinie, la gièbe chevelue ou chauve d'où sortent le blé, les pommes, le sarrazin et ces gens lourds et pensifs qui, à de certaines dates, quittent des villages exquis d'archaïsme pour se répandre sur le champ de foire hurlant et superbe.

Mais plus encore que le sol, l'eau m'attire, l'eau qui semble n'avoir ni commencement, ni fin ; l'eau éthérisée et légère comme un ciel, tandis que le firmament lui-même, accablé de lumière, devient profond comme un abîme marin. Et sur ce golfe qu'agrandit le mirage, des îlots aériens sont posés ainsi que des barques prêtes à des départs ; les îles plus vastes paraissent des arches de bonne aventure, ancrées là, dans le bonheur des flots soyeux, qui réfléchissent leurs falaises. Le bourg d'Arz miroite au centre de son île en radeau. Plus mouvementée, l'Ile-aux-Moines n'a-t-elle pas l'aspect d'une oasis au centre d'un désert bleu ? D'autres îles s'évaporent, de plus en plus aspirées par l'éclatante fournaise du ciel. Et par-dessus le Morbihan, en ce jour de juin, le vertigineux soleil s'éclabousse parmi les floches d'ouate des nuages, tombe insoutenable, électrique, diffusé sur la mer d'une douceur extrême, sans ombre, et cependant dégradée de tons précieux, de plus en plus dorés, à mesure que les baies pénètrent au fond des champs de blé.

Ma première escale sera l'île d'Arz.

C'est un long radeau, une terre à peine émergée. Une marée un peu forte, semble-t-il, doit recouvrir cette plate étendue cultivée jusqu'au flot, qui bat au ras des sillons. Pas d'arbres ! point de taillis ! des haies assez rares. Cette île d'Arz, c'est un grand tapis vert et jaune, au centre duquel le bourg et sa vieille église romane, annoncent seulement de la vie humaine. Car, d'une rive à l'autre, aucune silhouette animée ne se dresse. Pourtant, j'aperçois, après une longue promenade, presque à fleur d'eau, égrenées bout à bout, des vaches et leur patouresse.

Sur cette étendue, les bêtes et la femme dominent le paysage. On doit les apercevoir avec admiration du petit manoir de Karmoël, la noble construction, illustrée par un assassinat à la Révolution.

Vers le sud d'Arz, des marais font pénétrer les vagues insidieuses au-dessous du village. On croirait cette île-radeau trop chargée de maisons et à moitié coulée.

En face de l'île de Bouete, Arz décrit une courbe harmonieuse, presque un cercle parfait ; le cercle, cette figuration celtique de l'immortalité ! Et, réellement, ce grand lac immobile, ce libre horizon, cette mer d'où sortit toute vie, donnent une impression d'éternité. Et peu à peu, au bord de l'eau bleue, tendue comme un satin, sous un ciel de soie, l'âme bretonne qui est faite d'immobilité poétique se substitue à notre esprit d'inquiétude.

... Quelques nuages laineux, se reflètent dans l'eau et paraissent un troupeau de moutons qui se baignent. Au loin des cailles chantent, un fouet claque, un essieu craque et des fumées montent comme des fleurs bleues au-dessus des chaumières.

La grand'messe sonne à l'église, seul vestige de l'ancien prieuré du XIIe siècle, et des Iliennes, vêtues de noir, sortent des petites maisons blanches.

***

Les religieux de Saint-Gildas-de-Rhuys et de Redon, déréglés et indomptables, n'ayant d'autre règle que de n'en point avoir — j'emprunte à Abailard cette flatteuse description de ses compagnons — colonisèrent le golfe et firent au moins preuve de discernement dans le choix de leurs stations.

C'est par eux qu'Izenach, la reine du Morbihan, devint et demeura l'Ile-aux-Moines.

Vainement ai-je cherché les pieds de biche, de loup, d'ours, de sanglier et les dépouilles des hiboux, qui signalaient les portes des abbayes au XIIe siècle. Ces grands chasseurs d'âmes et de bêtes féroces ont disparu, sans laisser de traces appréciables. L'Ile demeure merveilleuse avec ses chemins creux, ses peupliers sensibles au bord des prés, et ses sentiers pittoresques tracés par la libre fantaisie des habitants qui bâtirent, les heureuses gens, sans souci des tracés linéaires. On n'y rencontre donc pas de boulevards, d'avenues et de ces percées géométriques chers aux touristes de la haute vie. Bénis soient les Iliens, assez avisés pour conserver à leur petit royaume sa saveur primitive.

Les villages de l'Ile-aux-Moines, c'est-à-dire Locmiquel, Brouel, Kerno et son port du Rat (pour les tout petits navires, évidemment !) sont disposés avec bonhomie, comme des bourgades qui se sont mises à leur aise, sur les flancs des coteaux, contre les grèves ou en recul des pâtis. C'est ici l'île de la propreté méticuleuse. Son sol est tenu comme le plancher d'un navire de guerre et ses maisons, fraîchement chauleés, paraissent de sages personnes à qui l'on passe une chemise blanche, tous les dimanches. Aussi bien les aspects débonnaires des chaumières, leurs contrevents verts qui rient, leurs pampres en colonnettes torses, leurs rosiers grimpants, réjouissent et rassurent.

Des chaumines abritent les différents commerces. Une petite épicerie n'est annoncée que par un timide écriteau ; le sel et le café se débitent en une jolie pièce qu'un plafond à grosses poutres sépare du chaume.

Les maisons bourgeoises n'y font pas de façons et sourient au fond de beaux vieux jardins. Il n'est pas jusqu'à une gentilhommière à tourelle qui ne paraisse accueillante au carrefour des trois sentiers. Les murs d'enclos, eux-mêmes, n'ont rien d'hostile et les figuiers compatissants débordent luisants et gais, et tendent leurs figues aux pauvres passants.

C'est ici l'île des femmes ! Les hommes bourlinguent, ce pendant que les filles, cambrées et hardies, se campent sur les falaises et regardent, de leurs yeux d'eau de mer, la route vertigineuse où l'embrun poudroie.

Au creux d'un sentier, des retraités jouent aux boules, lentement, paisiblement, comme s'ils savaient que leur jeu finira toujours trop tôt.

Devant le petit port de Kerno, j'aperçois le premier char à bœufs. J'avais cru, jusqu'ici, l'île sans équipage, et plus douce, plus reposante de ne voir circuler que des piétons.

Au tournant de la route, une maison chaulée est entourée de cerisiers étincelants de fruits. Deux lauriers se dressent entre ses fenêtres à rideaux bien empesés ; d'autres chaumines, couleur de pain bis, et un muret qu'ouvre, au milieu, une porte peinte d'un vert franc, tapissent l'arrière plan.

Auréolée de sa coiffe en diadème, une jeune fille essaie de m'apercevoir par-dessus des pavots. Je lève les yeux ; elle recule, sourit, reparaît timidement, assez inquiète, car j'écris !

A ce moment, sur le chemin, un marin passe en houlant des hanches... Il chante la chanson des « gas d'Arzon ». Cette fois, rassurée, la jeune ilienne s'avance et des galanteries s'échangent.

On est très porté vers les choses du sentiment dans le golfe du Morbihan. D'ailleurs la principale sapinière s'appelle le Bois d'Amour.

Cythère n'était-elle pas une île ?

De la pointe de l'Ile-aux-Moines, j'ai observé la petite mer bretonne par l'une de ces journées mélancoliques où les nuages en crêpes descendent jusqu'à terre.

... Vers Arz, l'Ile-aux-Moines projette une presqu'île en forme de bras courbé qui s'allonge dans la mer.

... On raconte d'ailleurs, qu'autrefois, les deux

îles étaient réunies, mais que Dieu les sépara pour empêcher un jeune moine de faillir à ses vœux de chasteté en allant aimer nuitamment la fille d'un gentilhomme qui habitait à l'autre extrémité.

Sous le ciel, aux nuages ordonnancés par larges masses d'ombre et de lumière comme dans les gravures des vieux maîtres, les champs renflés que crénèlent, au haut de leurs sillons, des sapins, descendent vers la baie.

L'eau, d'un jaune de soufre, au-dessous de la falaise, plus loin, reluit grise dorée et grise argentée.

Un moulin tourne encore, de plus en plus engourdi, et s'arrête, faute de vent. Ses grandes ailes en croix lui donnent une allure de calvaire, derrière lequel saigne une trouée dans les nuages.

Un minuscule bateau à fond plat, on dit ici « une plate » nous conduit à Gavr'inis, l'îlot célèbre par son tumulus et sa grotte.

Aussitôt débarqué, nous côtoyons un mur antique et robuste qui défend le jardin d'une ancienne maison bourgeoise. Une avenue de petits arbres nerveux, qu'on sent tirés aux cheveux par le vent de mer, remonte vers la tombelle fameuse.

Jean-Marie, le gardien, était un peu en ribotte lorsqu'il nous ouvrit la porte de la grotte. C'était un dimanche !

J'aperçus donc les dessins millénaires de la sévère crypte à la lumière d'une chandelle sans assurance. Le hasard a de ces facéties. Encore que mal éclairé, ce souterrain, aux monolithes gravés, m'apparut très impressionnant, comme le premier temple où les hommes communièrent devant les mystères. Les dessins, sur le granit, me rappelèrent les broderies qu'on voit aux gilets et aux manches des bigoudens de Pont-l'Abbé.

En face de Gavr'inis, l'île Berder, s'annonce d'un bout à l'autre du golfe par sa tour puissante qui émerge des sapins.

Le petit port de Larmor est charmant de mouvement et ses maisonnettes vous ont encore de braves figures bretonnes.

Les hameaux se succèdent sur des bandes de terre, d'abord le Paludo, ensuite Locmiquel sur sa colline. Berder ferme cette partie du Morbihan, et de sa tour, on aperçoit jusqu'à la rivière d'Auray.

Il faut accomplir en bateau cette promenade de Larmor à Auray et remonter cet estuaire romantique, boisé de chênes et de sapins aux noires silhouettes, campées comme des vigies sur de petits caps rocheux. Il faut voir, au fond de sa baie, le port du Bono, tout animé de voilures

orange et bleu de roi. Son village aux toitures vio-
léttes, escalade un coteau.

Locmariaquer et ses pierres druidiques (les
druides peut-être les trouvèrent avant eux) s'ombrageaient de beaux chênes. Néanmoins, vue de
la mer, la petite ville de Locmariaquer en
impose. Ses blanches façades, percées d'yeux noirs,
verts ou gris, suivant la couleur des volets,
regardent le Morbihan. De loin, le bourg semble
posé sur une étagère de cristal. Les lignes horizon-
tales, de la côte, de l'eau, des ruelles, donnent une
sensation d'infini repos.

Je ne dirai qu'un mot du fameux dolmen de la
Table des Marchands et du grand menhir. Ces
géants de la préhistoire dépassent l'imagination.
Cuirassés de lichens en vieil argent, ils dorment dans
la lande.

Plus tard, dans quelques milliers de siècles, si
la trompette d'un archange sonne le jugement
dernier, alors que tout aura disparu des témoins de
l'effort humain, ces pierres pourront se dresser
et dire : Nous sommes encore là !

. En face de Locmariaquer, qui ferme un des
côtés du golfe, Port-Navalo se dresse, en arrière
de la pointe de Kerpenhir. La promenade au phare
et au sémaphore me permet d'admirer la « grande
mer », comme on dit ici, par contraste avec la

bihan-mor. C'est un avantage pour ce joli bourg fréquenté des baigneurs.

Nous avons parcouru le village paysan de Monteno et ses ruelles primitives. Ensuite c'est la route parmi les vignes jusqu'à Arzon. Chacun a retenu au moins deux ou trois couplets sur ses gas :

> Nous avons été de la bande.
> Quarante et deux Arzonnais
> A la guerre de Hollande,
> Pour le plus grand de nos rois.
> Un d'Arzon changeant de place,
> Un boulet vint à passer
> Brisant de celui à la face
> Qui venait de s'y placer.
> L'Arzonnais la sauvant belle,
> Eut l'épaule et les deux yeux
> Tout couverts de la cervelle
> De ce pauvre malheureux, etc., etc.

Dix minutes après Arzon, le village important de Kerno, escale du bateau à vapeur, amuse par la variété de ses chaumières, dont quelques-unes sont flanquées de tourelles et de belles cheminées. Des berges assez vaseuses continuent ce côté du golfe vers le Logeo. Plus loin et en profondeur, c'est la presqu'île de Rhuys et Sarzeau.

En ces quelques pages nous avons essayé d'évoquer la physionomie du Mor-bihan, qui a donné son nom à ce département breton.

Or, tandis que nous écrivons ces lignes, sous notre fenêtre ouverte en face de Gavr'inis, le golfe a changé plusieurs fois de couleur, et, semblerait-il, de dimension. Cette petite mer et ses rives sont intraduisibles. On ne peut en donner que des images fugitives, je dirais : des instantanés. Comme en chaque saison, le matin, à midi ou le soir, l'eau varie, mue à des teintes nouvelles et fragiles, l'écrivain ne peut que présenter le résultat de ses croquis, sans avoir la prétention d'en fixer une apparence durable.

Le climat du golfe a des douceurs telles que le mimosa y fleurit en hiver et que les palmiers, les lauriersroses, les camélias, les figuiers y prospèrent en pleine terre.

Asseyez-vous au seuil d'une de ces maisonnettes fleuries de soucis d'or et de roses, — car l'on aime ici la grâce des plantes, — et regardez la route au long de la mer.

Des hommes, à visage de cuivre, passent, chargés de cordages, de filets blonds, de paniers qu'on croirait tressés de goémons. Leurs reins se cambrent sous l'effort. Leurs tricots rouges éclatent vivement.

En petites coiffes matinales, leurs femmes les accompagnent, et portent, jetées sur l'épaule, des voiles sang de bœuf qu'elles promènent le long des façades chaulées.

L'immensité heureuse vibre, accablée du grand soleil et tous les poissons semblent miroiter à fleur de l'eau ardente.

XVIII

AU PAYS DES CHUPENS BLANCS

Au xviiie siècle, il était de tradition courante chez les paysans de vêtir d'habits rouges les domestiques : journaliers, chambrières, valets et bouviers, et de réserver la couleur bleue pour les maîtres, fermiers et petits propriétaires ruraux. Au moins, Monteils, presque un contemporain, l'affirme dans son *Histoire des Français*, et beaucoup de preuves nous en sont encore fournies par les musées ethnographiques.

Ce que ne nous explique pas Monteils, c'est l'origine des chupens [1] blancs de Pontivy, Saint-Thuriau, le Sourn, Guémené, Saint-Nicolas, Neuillac, Stival, Saint-Gérand ou Noyal.

Les Bretons qui habitent par excellence une terre colorée, empruntèrent à leur sol d'or, de lilas et de verdure, les merveilleuses teintes de leurs costumes.

Car, et ceci n'est point un paradoxe, le septentrion est plus véritablement versicolore que le midi dilué dans la grande flamme de son soleil. Norvège, Hollande et Bretagne sont là pour prouver cette vérité. C'est comme un besoin, chez les

---

1. Chupens, prononcez *chupenn*.

Armoricains, d'égayer leur atmosphère trop souvent embrumée.

Le chupen n'est pas autre chose que le vieil habit à la française raccourci, et aussi une image réduite du pourpoint dit à trois basques, dont les citadins de petite condition s'habillaient sous Louis XV.

Le chupen est pincé un peu au-dessous des épaules, et forme trois plis d'une suprême élégance pour les initiés. Ces coutures ne correspondent pas à la taille du paysan, qui paraît avoir revêtu un invraisemblable pardessus d'enfant de six ou huit ans. Les poches simulées sont posées de biais sous les aisselles et sont découpées en flammes dans du velours appliqué sur l'étoffe blanche. Parfois des broderies noires, et rarement rouges ou vertes, décorent les poches. Les manches fendues sont galonnées de velours. Par devant, le chupen s'ouvre largement sur un gilet blanc décolleté en carré. Cette ouverture permet de faire valoir la chemise de fine toile brodée.

On reconnaît les habitants des différentes paroisses de l'arrondissement de Pontivy à des détails pittoresques. Deux galons de velours entourent les cols des chupens du Sourn, tandis que les élégants de Melrand n'en mettent qu'un à leur collet. La disposition des petits boutons argentés et pressés de chaque côté de la veste, varie aussi suivant les communes.

Les femmes sont invariablement vêtues de noir, et portent sur la tête un extraordinaire capot, qu'on ne saurait mieux comparer qu'au bonnet de juge. Comme lui il est circulaire, et terminé sur le sommet par un plissé de l'étoffe qui vient se rattacher à un bouton central. Des sortes d'oreillères tombent de ce cylindre et recouvrent les épaules. Doublées de rouge, ces oreillères sont rebroussées sur le sommet de la tête ou bien rejetées en arrière. Ce noir et ce rouge vous ont un petit air diabolique qu'accentue d'ailleurs le bonnet de juge !

*
* *

La ville de Pontivy est le centre indiqué des excursions au pays des chupens blancs, et le pardon de Notre-Dame-de-Quelven, les 14 et 15 août, réunit les costumes et les types de cette région.

Si l'on en croit les étymologistes, pour lesquels les rébus n'on pas de secrets, Pontivy doit son origine aux disciples de Saint-Ivy qui vivait en Grande-Bretagne au VIIe siècle.

L'histoire assez nébuleuse de ces chefs de clan en qui s'incarnaient les puissances temporelles et spirituelles, laisse à supposer que quelques-uns d'entre eux jetèrent un pont sur le Blavet et édifièrent un oratoire en l'honneur de leur maître, d'où : Pont-Yvy. Au XIIIe siècle, le vicomte de Rohan construisit le château des Salles, et bientôt après la ville fut fortifiée.

Maintenant une rue domine le quartier moderne. On la nomme *rue Nationale* ; elle aboutit à la *place Egalité*. Une autre place, parfaitement carrée, où s'érige la statue d'un général, des quais au cordeau, une caserne, les bâtiments de l'administration civile, une sous-préfecture géométrique avec des passants autour et dedans, comme dans toutes les sous-préfectures, contribuent à caractériser la partie neuve de cette cité, qui porta le nom de Napoléonville sous l'Empire. Heureusement, quelques ruelles et venelles, la rue du Fil, la rue du Pont et la place du Martray, qu'illustre le bon docteur Guépin encagé dans sa grille barbelée, réconcilient avec Pontivy.

Le jour de la foire, la place du Martray (en vieux français, Martray est synonyme, croyons-nous, de cohue, marché) ne manque pas de pittoresque. Une vieille demeure montée sur des colonnes cylindriques et un logis à poivrière, en vis-à-vis, donnent beaucoup de charme à cette partie du Pontivy ancien.

Des façades à gros appareils de pierres sculptées, des toits à girouettes et à clochetons ornés, des portes ogivales ou cintrées, des fenêtres jumelées, des sablières à grosses moulures, des huis de vénérable menuiserie, des boutiques à ouvertures surbaissées, et jusqu'au ruisseau médian, cher à la basoche, amusent par leur fantaisie. La pente de ces ruelles conduit au Blavet canalisé dans sa traversée de la ville. De bonnes petites maisons à la mode d'autrefois regardent couler l'eau et glisser les chalands.

Ajoutez à cela une visite au château, lourde et puissante construction enterrée à mi-corps dans de hauts talus et qu'enjolivent quelques lucarnes gothiques et du lierre en passementerie verte ; — une promenade aux vieilles halles charpentées en face de l'église où l'on vénère Notre-Dame-de-la-Joie, à laquelle on offrait, il y a encore quelques années, des veaux gras dont le bénéfice alimentait la caisse de la fabrique, — et vous connaîtrez la cité de Saint-Ivy.

***

Le 14 août au matin, notre victoria, qu'une bête panarde entraîne à la vitesse du pas, nous fait traverser la ville endormie. Un brouillard bleuâtre flotte sur le Blavet et sa gaze mouvante monte vers la ville qu'un soleil mal éveillé éclaire à peine.

Tout de suite la route monte. A l'allure de plus en plus affaiblie de notre rossinante nous allons ascensionner jusqu'au village de Quelven, planté gaillardement au sommet de la plus haute colline du pays.

Tous les pardons se ressemblent dans leurs grandes lignes : culte du feu, de l'eau et des reliques. Ce qui les différencie et c'est l'étrangeté des costumes, la beauté du sanctuaire et le charme du paysage. Quelven, à ce triple point de vue, mériterait le voyage.

Chaque pardon a toujours une origine plus ou moins légendaire. Voilà ce que m'a raconté un vieux tisserand de Saint-Thuriau.

— La vierge vieillie, et sur le point de s'en aller

au ciel, ne voulut pas quitter la terre sans visiter la Bretagne où l'on était si pieux, lui avait-on dit. La voilà qui part, un bâton à la main, escortée des anges qui la portaient dans les endroits difficiles.

Elle fut ravie de ce pays et déclara qu'avant sa mort elle choisirait un lieu où l'on viendrait l'invoquer. Quelven eut sa préférence, mais pour ne pas faire de jaloux, les saints bretons, et ils sont nombreux, lui conseillèrent de laisser le sort décider de son choix.

Soudain elle prit une boule et la fit rouler à travers la Bretagne.

— Là où elle s'arrêtera, déclara la Vierge, s'élèvera mon sanctuaire.

La boule s'arrêta bientôt, et déjà les gens du pays apportaient les pierres quand la sainte Vierge, entendant une jeune fille injurier sa mère, reprit sa boule et la lança dans une autre direction.

Là des gens se querellaient et juraient grossièrement. Sans se décourager elle prit la boule et la fit rouler une troisième fois. La boule s'arrêta sur la montagne de Quelven à l'endroit choisi par la Vierge.

— Voyez le miracle, termine mon vieux tisserand ! Une boule ordinaire tomberait dans les trous, mais celle-ci est montée sur la colline. Vive Madame de Quelven !

Quelven s'élève au sommet d'un étroit plateau et quelques maisons, contemporaines de l'église, l'entourent seulement. Des ormes gigantesques ombragent la place.

Une sorte de *scala sancta*, bâtie au XVIIIe siècle, lourd édicule sans style, empêche d'embrasser l'église d'un coup d'œil.

Les deux étages de la cour sont couronnés de galeries à dessins flamboyants. La flèche, assez élégante, est malheureusement sans proportion avec la hauteur de la tour ; des pignons à crochets et à panaches, percés de fenêtres ogivales, garnissent le côté méridional.

De sveltes contreforts terminés par des pinacles à crosses soutiennent les cinq pans de l'abside ; des gargouilles, des animaux fantastiques, des galeries flamboyantes contournent, surmontent, décorent tout l'édifice et lui donnent une rare richesse.

Sur le chevet du monument on remarque les armes de Rohan et des Rimaisons, dont le beau château ruiné se voit encore au milieu du lierre et des herbes envahissantes sur les rives du Blavet. D'après la tradition ces seigneurs auraient fondé Notre-Dame-de-Quelven.

A huit heures du matin, lorsque j'entre dans l'église, une rangée d'hommes en chupens blancs communient dans la demi-obscurité de la nef. Un prêtre revêtu d'une chasuble écarlate passe devant leurs têtes serrées. Des groupes se forment par paroisses, les vieillards au centre, un genou à terre, l'autre jambe repliée et appuyée des mains sur des bâtons. Obstinées dans leur foi, trois femmes en capots noirs, statues inanimées et massives, regardent avec des yeux minéralisés Notre-Dame-de-Quelven offerte à son autel.

Habillée d'une robe blanche qu'ourlent des galons d'or, la Vierge présente l'Enfant-Jésus. Un assez joli mouvement des draperies dissimule une fente centrale, car, à de certaines heures, on ouvre Notre-Dame comme une armoire et un triptyque intérieur apparaît. C'est-à-dire que le corps de la statue est évidé et le sculpteur a disposé douze bas-reliefs représentant la Passion sous autant de petits ogives formant chapelles.

Accroupis, assis, agenouillés, debout, penchés ou accotés aux murs, les arrivants attendent silencieusement leur messe. Des chapelets rustiques à chaînons de cuivre, des mouchoirs carrelés, des parapluies bleus, des cannes, des chapeaux galonnés, encombrent leurs mains aux doigts carrés, puissants, éloquents, plus propres à guider les manches de coultre qu'à manier les rubans de velours et les menus cierges de pèlerinage.

Les bonnets de juge dominent l'assemblée ; cependant leur symphonie rouge et noire s'éclaire, par taches, des coiffes à pignons et des larges dentelles à la mode de Baud et de Saint-Jean-Brevelay.

En dehors de la porte et presque à la limite du gravier, prosternées et balbutiantes, des *pèlerines par procuration*, remplissent avec zèle leur mission. Ces femmes sont payées pour représenter au pardon des malades qui ne peuvent y assister. Quelquefois des cultivateurs riches, mais éloignés d'un pèlerinage, délèguent ainsi des pauvresses qui, pieds nus et la trique à la main, accompliront des pénitences en leur nom.

Des métayers, des paysannes, des marins, des vieillards, des jeunes gens montent l'escalier qui conduit à une pièce disposée en bureau, avec des tables et des cahiers de comptes. Des secrétaires, en chupens blancs, inscrivent infatigablement les sommes versées pour des intentions pieuses.

Pendant trois jours les économies de ces bonnes gens tomberont dans les profondes cuvettes de cuivre fourbies comme de l'or, et flanquées à droite de chaque table. Des troncs pour les aumônes plus humbles, sont disposés un peu partout, sur les routes des chapelles. Parfois un simple poteau, au bord d'un chemin, supporte une tirelire de fer et avertit de l'approche d'un saint.

Les vêpres font s'agenouiller en dehors de l'église la multitude qui n'a pu trouver place dans la nef.

A Quelven, la fête profane côtoie la fête religieuse.

La disposition des lieux, une place resserrée, des ruelles insuffisantes, obligent les sommambules à dresser leurs toiles peintes en face des porches de l'église, et les marchands de victuailles cotoient les négociants en objets de piété : saucisses et cierges, pâtés, médailles de Notre-Dame, cidre, images pieuses, pains et chapelets se débitent côte à côte.

Sur la lande qui domine le pays entier avec ses villages, un feu de joie est dressé qu'allumera un ange du ciel. Le voici, il descend sur la corde raide tendue de la galerie du clocher jusqu'aux fagots. Cet ange de bois tient une torche et va d'un élan irrésistible se jeter sur un amas d'artifices qui détonnent horriblement et allument la paille à la base de la colline de broussailles.

Alors, c'est le feu, parmi les éclats de pétards, les roulements des tambours, les cris de la foule chassée par les flammes.

Debout contre un calvaire vieux et usé par les pluies et les vents, en marge de la lande de Quelven, j'avais aperçu dans une vallée la flèche de Saint-Nicodème, et le souvenir m'était revenu d'une fontaine flamboyante à trois façades et trois vasques, auprès d'une chapelle, née, semblerait-il d'une même inspiration que Notre-Dame-de-Quelven.

A deux kilomètres en avant, je traverse à Saint-Nicolas-des-Eaux, une avenue de chaumines que rompt un pignon unique, celui d'une maisonnette du xve siècle batie à la mode de la ville, parmi ces façades paysannes.

La chapelle de l'antique prieuré de Saint-Nicolas paraît prête à choir, ses pignons branlent et les arêtes de ses toits semblent des échines cassées qui vont se rompre.

En bas d'un sentier en cascade, seul accès au village, le Blavet canalisé, gronde et écume. Ici la rivière dessine une boucle parfaite autour d'une falaise à pic de soixante à quatre vingts mètres.

Une chapelle est nichée sous une énorme roche en encorbellement. A l'intérieur, cet oratoire de Saint-Gildas forme crypte. Trois côtés et la voûte sont creusés dans la colline ; il n'y a qu'une muraille en maçonnerie.

Les touristes ne manquent jamais de frapper une pierre sonnante montée sur un piédestal. Son bruit, rappelle le son d'une cloche.

En ce jour du 15 août les travaux sont interrompus, et dans le silence miraculeux des champs il y a comme une suspension de l'effort humain, un repos solennel des choses et des gens. Le paysage a la forte saveur du terroir armoricain. La colline renflée et rousse s'embrase au soleil. Des espaces pelés, entre les hautes touffes grises des ajoncs, montrent à nu l'ossature des coteaux.

Plus à l'horizon, d'autres paroisses vont se diluant dans l'air jusqu'à ne plus former qu'une évaporation de feuillées et de toits. Des collines bouillonnent et fument vers le firmament ; mais là-bas, nous sortons du pays des chupens blancs et des capots noirs pour entrer dans la terre des vestes noires et des larges capelines blanches.

TABLE DES MATIÈRES

Abbeville. — Imprimerie F. PAILLART.

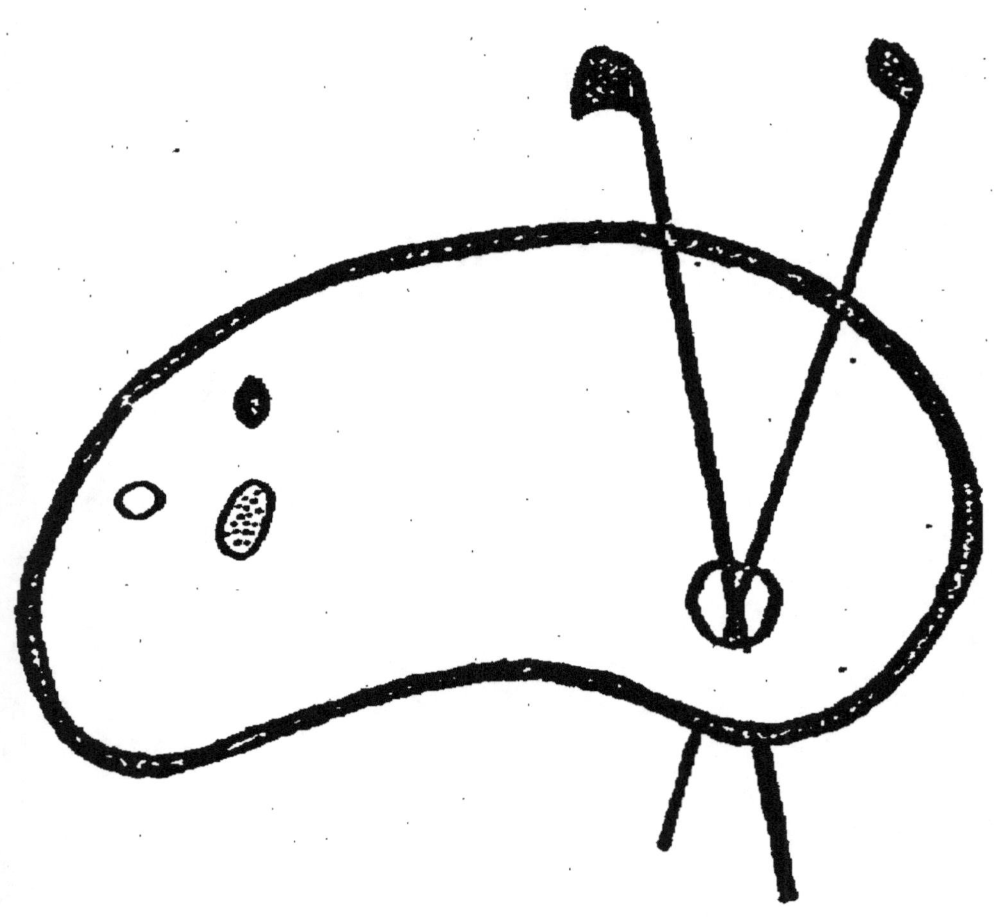

DEBUT D'UNE SERIE DE DOCUMENTS
EN COULEUR

L'AME BRETONNE

Illustrations contenues dans la 1re Série.

Le barde aveugle Yann ar Gwenn. — Yann ar Minous chantant ses chansons. — Une pèlerine par procuration, Marguerite Philippe. — L'oratoire de Saint-Yves-de-Vérité à Trédarzec. — La roue de fortune de Confors-en-Meillars (Finistère). — Henriette Renan. — Maison natale de Lesage à Sarzeau, — L'amiral Réveillère sous un dolmen. — Le quai de Tréguier et la maison natale d'Emile Souvestre à Morlaix (la maison est indiquée par une croix. — Narcisse Quellien. — Ce qui reste à Lanloup de la maison natale de Jean-Louis Hamon. — L'enfournement de Catel-gollet à Plougastel. — La place du Centre et l'auditoire à Lannion. — Une eisteddfod au pays de Galles. — L'archidruide procédant à la consécration bardique de l'auteur.

Sommaire de la 2e Série.

Nos derniers sanctuaires. — Sur les pas de Renan. — La Villemarqué et la question du « Barzaz-Breiz ». — Au Pays de la Tour d'Auvergne. — Le barde des matelots : Yann Nibor. — Une idylle sur une grammaire bretonne. — La « Bretagne » de Gustave Geffroy. — Dans la Cornouaille des Monts. — Charniers et Ossuaires. — De Kéramborgne à Pluzunet. — Goélettes d'Islande. — Le Bien du Pêcheur. — Chez Taffy : quinze jours dans la Galles du Sud, etc.

Illustrations contenues dans la 2e Série.

Portraits de Luzel. — Le manoir de Kéramborgne : maison natale de Luzel. — Perrine Luzel en coiffe de cérémonie et en petite coiffe. — Marguerite Philippe à son rouet. — La Villemarqué. — Maison natale de La Tour d'Auvergne. — Les Pierres de Stone-Henge. — Retour au vrai pays. — Cardiff Castle (Château de Lord Bute). — L'Old Keep à Cardiff. — La Plage et la Falaise de Penarth. — Une rue de Cardiff. — La cathédrale de Llandaff. — Le temple druidique de Pontypridd. — Le château de Llanover. — Lady Llanover qui reçut la délégation bretonne en 1838. — Le musée et l'église de Caerléon. — La maison du bonheur. — L'ossuaire de Saint-Thégonnec, etc.

Sommaire de la 3e Série.

Le château de Barberine. — Guy de Maupassant et la Bretagne. — Deux Républicains. — Marion de Faouet et la grande misère du XVIIIe siècle. — Eginane et Kuignaouan. — Les polders du Mont-Saint-Michel. — La vraie Perrinaïc. — Les Fêtes révolutionnaires dans une commune bretonne. — Leconte de Lisle à Rennes. — La statue de Clémence Royer. — Un Breton citoyen de Rome. — Médaillons de Poètes. — L'Ecartèlement de la Bretagne. — La Pénitence de Marie-Reinet — Figures de petite ville, etc.

Arbois de Jubainville (H. d'). **La famille celtique.** Etude de droit comparé. 1905, in-8 carré.......................... **4 fr.**

Comment était composée la famille, responsabilité pour crimes, législation des successions. — Le mariage, les épouses légitimes, les concubines, les prostituées. — Les Celtes étaient-ils pédérastes?

— **Les Druides et les dieux à forme d'animaux.** 1906, in-12.. **4 fr.**

Les Druides comparés aux *Gutuatri* et aux *Uatis.* — Les Druides ont été à l'origine une institution goidelique. — Différence entre les Goidels et les Gaulois. — Conquête de la Grande-Bretagne par les Gaulois et introduction du druidisme en Gaule: preuves linguistiques. — Les Druides dans la Gaule indépendante et pendant la guerre faite par Jules César. — Les Druides sous l'Empire Romain. — Les Druides en Grande-Bretagne et quand l'Empire Romain eut pris fin. — Les Druides en Irlande. — L'immortalité de l'âme. — La métempsychose en Irlande.

II. Les dieux prenant forme d'animaux dans la littérature épique de l'Irlande. Enlèvement des vaches de Regamain: génération des deux porchers. Appendice : Jules César et la géographie.

— **Tain bo Cualgne.** Enlèvement (du taureau divin et) des vaches de Cooley. 1907-09, in-8, 1re et 2e livraisons avec la collaboration de M. Smirnof, planches, chaque..... **3 fr. 50**

La plus ancienne épopée de l'Europe occidentale. La 3e et dernière livraison est sous presse.

Auffret (Charles). **Une famille d'artistes brestois au XVIIIe siècle. Les Ozanne.** 1891, in-4, planches. **10 fr.**

Barzaz Taldir Ab Hernenn (Jaffrennou). **Les poèmes de Taldir,** 2e édition augmentée. Texte breton et traduction française. Préfaces d'Anatole Le Braz et Charles Le Goffic, suivis d'une étude sur la prosodie bretonne. Fort vol. in-12.. **3 fr. 50**

— Tome ii, 1910, in-12.................................. **3 fr. 50**

Bastard (Georges). **Loire-Inférieure, Saint-Nazaire, son histoire.** Les découvertes du bassin de Penhouet. Le *portus brivante* des Romains avec quinze gravures, cartes et planches. S. d., in-8.. **2 fr.**

Baudry (J.). **Etude historique et biographique sur la Bretagne à la veille de la Révolution.** A propos d'une correspondance inédite, 1782-1790. 1905, 2 vol. in-8.. **12 fr.**

— **Etude généalogique et biographique sur les descendants du poète Villiers de l'Isle-Adam.** 1907, in-8... **2 fr. 50**

— **Etude sur les origines du nom de Saint-Mars-la-Jaille.** 1907, in-8.................................... **2 fr.**

— **Histoire de Notre-Dame de Rostrenen et de son pèlerinage.** 1908, in-8.................................. **1 fr. 50**

Bégule (Lucien). **La chapelle de Kermaria-Nisquit et sa danse des morts.** 1909, in-4 de 52 p., 5 planches hors texte (dont une double), nombreuses figures dans le texte (tiré à 175 ex.).. **8 fr.**

Bellevue (Mis de). **L'Hôpital Saint-Yves de Rennes et les Religieuses Augustines de la Miséricorde de Jésus.** In-8° de 470 p. avec vues et plan. 1895.............. 3 fr.

— **Le Vicomte de Toustain de Richebourg et la seigneurie de la Grée-de-Callac.** In-8° de 65 p. avec portrait. 1895... 2 fr.

— **Le comte de la Touraille, soldat, philosophe et poète au XVIII° siècle, et sa correspondance avec Voltaire.** In-8 de 95 p. avec portrait. 1911................. 3 fr.

— **Maison de Montauban. Origine, seigneuries, généalogie.** In-8 de 83 pages. 1898..................... 2 fr.

— **Un agent administratif de la Chouannerie dans l'Ille-et-Vilaine (1792 à 1799). Louvart de Pontigny.** In-8 de 22 p. 1899.......................... 1 fr. 50

— **Le c^{te} de Thiard.** In-8 de 15 p. 1896......... 1 fr.

— **Prieuré et pèlerinage de Saint-Barthélémy du Dougilard, en Soudan.** In-12 de 80 p. 1905.......... 1 fr.

— **Les Guillery, célèbres brigands bretons (1601 à 1603).** In-8 de 12 p. 1890...................... 1 fr.

— **Mémoires de la comtesse de la Villirouët, née de Lambilly. Une femme avocat.** Episodes de la Révolution à Lamballe et à Paris. In-8 de 360 p. avec portraits. 1901.................................... 5 fr.

— **Généalogie de la Famille Mouésan de la Villirouët.** In-8 de 50 p. 1911........................ 2 fr.

— **Généalogie de la Famille de Lambilly.** In-8 de 63 p. 1901.................................... 2 fr.

— **Le Comte Desgrées du Loû, président de la Noblesse aux Etats de Bretagne de 1768 et 1772.** In-8 de 238 p. avec portraits. 1903...................... 3 fr.

— **Généalogie de la Famille Desgrées du Loû.** In-8 de 85 p. 1903.................................. 2 fr.

— **Un héros malouin, Nicolas Beaugeard.** Episode de la Révolution. In-8 de 31 p. avec portrait. 1904....... 2 fr.

— **Les Bretons, otages de Louis XVI et de la famille royale en 1791.** In-8 de 21 p. avec grav. 1901. 1 fr. 50

— **Aperçu historique sur le Protestantisme et les Guerres de la Ligue dans le pays de Chateaubriant.** In-8 de 14 p. 1905................................. 1 fr.

— **Baronnie de la Hunaudaye.** In-8 de 73 p. 1903.. 2 fr.

— **Généalogie de la Maison Fournier,** actuellement représentée par les Fournier de Bellevue. In-4 de 568 p. avec blasons. 1909............................. 40 fr.

— **Madame de la Fonchais, née Desilles, une Bretonne** martyre de l'amour fraternel pendant la Révolution. In-8 de 90 p. avec portrait. 1910....................... 2 fr.

BELLEVÜE (Mᵐᵉ de). **Mesdemoiselles de Renac, de Cha-teaubriant, guillotinées à Rennes en 1794.** In-8 de 43 p. 1910... **2 fr.**

— **Paimpont.** 1910. In-8, 300 pages............................. **3 fr.**
   Les druides et le roman de la table ronde. — La forêt druidique. — La forêt enchantée. — La forêt chrétienne. — La forêt féodale. — La forêt historique.

En préparation. — **Le Camp de Coëtquidan.** Anciens monuments et seigneuries qui existèrent sur son territoire. In-8 d'environ 90 pages....................................... **3 fr.**

BONO (Gustave). **Saint-Nazaire sous la Révolution** (1789-1790). Documents inédits pour servir à l'histoire de la Révolution à Saint-Nazaire. 1881, in-8..................... **3 fr.**

— **Le patriote Bournonville** (1791-1792). Documents inédits pour servir à l'histoire de la Révolution à Saint-Nazaire. 1881, in-8.. **2 fr.**

BOTHEL (A.) **Le canton de Lamballe pendant l'insur-rection de 1799.** 1911, in-8................................. **1 fr.**

BREMOND D'ARS (Cᵗᵉ Anatole de). **Questions historiques.** Les vieux papiers d'une vieille maison de Quimperlé (1575-1875). 1898, in-8... **1 fr. 50**

La Bretagne et les Pays Celtiques. Iʳᵉ série. Beaux volumes in-12 :

— I. LE GOFFIC (Ch.). **L'Ame bretonne,** première série illustrée.. **3 fr. 50**

— II. LE BRAZ (A.). **Vieilles histoires du Pays Breton**.. **3 fr. 50**

— III. TIERCELIN (L.). **Bretons de lettres**................. **3 fr. 50**

— IV. DOTTIN (G.). **Manuel pour servir à l'étude de l'an-tiquité celtique.** *Épuisé, en réimpression, édition augmen-tée pour janvier 1912*................................ **8 fr.**

— V. LE GOFFIC. **L'Ame bretonne,** deuxième série illustrée.. **3 fr. 50**

— VI. LE BRAZ (A.). **Au pays d'exil de Chateau-briand**.. **3 fr. 50**

— VII. DUBREUIL (L.). **La Révolution dans le départe-ment des Côtes-du-Nord**............................... **3 fr. 50**

— VIII. LE GOFFIC. **L'Ame bretonne,** troisième série. **3 fr. 50**

— IIᵉ série. Beaux volumes in-8 raisin :

— I. F. LE LAY, *docteur ès-lettres.* **Histoire de la ville et communauté de Pontivy au XVIIIᵉ siècle** (Essai sur l'organisation municipale en Bretagne). 1911, 396 pa-ges... **7 fr. 50**

— II. **Louis Eunius ou le purgatoire de Saint Patrice.** Mystère breton en deux journées, publié avec introduction, traduction et notes par G. DOTTIN. 1911, 403 pages et planche.. **7 fr. 50**

— III. QUESSETTE. **L'administration financière des Etats de Bretagne de 1689 à 1715.** 1911, 251 pages...... **6 fr.**

CALAN (Vte de la Lande de). **Les personnages de l'épopée Romane.** 1900, in-8 .... 5 fr.

— **La Bretagne dans les romans d'aventures.** 1903, in-8 .... 2 fr.

— **La Bretagne sous le maréchal d'Estrées.** 1898, in-8 .... 3 fr.

— **La chute du duc d'Aiguillon.** 1891, in-8 ...... 2 fr.

— **La Bretagne et les Bretons au XVIe siècle.** 1908. Fort volume in-8 (tiré à 200 ex.) .... 16 fr.

— **Mélanges historiques.** 1908, in-8, 158 pages ...... 3 fr.

Le comte Elvar. — D'Argentré et les chants populaires bretons. — Le mariage d'Alain III. — Les vassaux légendaires du roi Salomon. — Les vieilles litanies bretonnes, etc.

CANAL (Sév.). **Essai sur A. R. de Pomereu,** Intendant d'armée en Bretagne. 1909, in-8 .... 1 fr.

Cartulaire de l'Abbaye de Saint-Sulpice-la-Forêt (Ille-et-Vilaine), publié par dom ANGER. 1911. Fort volume in-8 .... 25 fr.

CHAMPION (Edouard). **Itinéraire de Paris à Jérusalem** par Julien, domestique de Chateaubriand, publié d'après le manuscrit original. 5e édition, 1904, in-16 .... 3 fr. 50

On connaissait des fragments de cet itinéraire par les *Mémoires d'outre-tombe* où Chateaubriand en cite quelques passages, peu compromettants pour soi-même, et avec des retouches. M. Edouard Champion, après une introduction qui prépare bien aux surprises du texte, publie le manuscrit de Julien, d'après l'original et l'annote de comparaisons malicieuses. Cet ouvrage devient donc, en même temps qu'un contrôle du fameux *Itinéraire* de Chateaubriand, aujourd'hui classique, un document intéressant pour l'histoire de ce grand esprit, qui prenait souvent des fictions pour des réalités.

CHOLEAU (J.). **Condition actuelle des serviteurs ruraux bretons.** Domestiques à gages et journaliers agricoles. 1907, in-8 .... 4 fr.

Colloques Français-Bretons ou nouveau Vocabulaire. Nouvelle édit. corrigée et augmentée. 1893, in-12 .. 0 fr. 75

Conversations (Nouvelles) en breton et en français. 1857, in-18 .... 0 fr. 75

COUFFON DE KERDELLECH (André de). **Recherches sur la chevalerie du duché de Bretagne.** 2 vol. in-8 .. 15 fr.

CROSS (Tom P'eeter). **The celtic origin of lay of Yonec.** 1911, in-8 .... 2 fr.

DAHLGREN (M. E. W.). **Voyages français à destination de la mer du Sud, avant Bougainville (1695-1749).** 1907, in-8 .... 4 fr.

Intéresse la marine bretonne, et particulièrement Saint-Malo.

— **Les relations commerciales et maritimes entre la France et les côtes de l'Océan Pacifique (commence-**

ment du xviii° siècle). Tome I°° : Le commerce de la mer du Sud jusqu'à la paix d'Utrecht. Gr. in-8, xvi-740 p........ **20 fr.**

« La masse des documents de toute nature qui ont été mis en œuvre est vraiment énorme ; mais, à côté de ces documents de caractère proprement historique, il y en a un grand nombre d'autres, qui se rapportent à la cartographie, à l'histoire générale des voyages, aux questions techniques et financières du commerce maritime. L'information est d'une extrême abondance et d'une très grande précision... La matière de ce gros ouvrage est tellement neuve, qu'il faut remercier M. D. d'avoir mis à la disposition des érudits l'ensemble des résultats de ses recherches si étendues. Son livre est comme un répertoire, digne de toute confiance, où viendront s'informer à leur tour les historiens qui s'occupent de l'histoire commerciale et maritime de la France, de l'Espagne et des principaux pays de la fin du xviii° siècle...

L'abondance et la nouveauté des renseignements réunis par M. D. dans ce premier volume, donnent lieu de souhaiter que la suite ne tarde pas à paraître ; tel quel, ce tome premier est déjà par lui-même une manière d'encyclopédie pour tout ce qui intéresse le commerce maritime de la France avec les régions actuelles du Chili et du Pérou dans les dernières années du règne de Louis XIV ».

G. LACOUR-GAYET, professeur à l'École supérieure de la marine. *Revue critique*, 1909, p. 355-57.

« Cet ouvrage excellent renouvelle, on peut le dire, certaines pages de l'histoire du commerce, sans parler du jour qu'il projette sur la politique espagnole de Louis XIV et sur la guerre de succession d'Espagne ». *Revue hist.*, p. 110-111.

DECOMBE (Lucien). **Les anciennes faïences rennaises.** Avec planches, 1900, in-8.................................... **5 fr.**

DONCIEUX (G.). **Le Remancero populaire de la France,** choix de chansons populaires françaises. Textes critiques avec un avant-propos et un index musical par J. Tiersot. 1901, gr. in-8.. **15 fr.**

Ouvrage couronné par l'Académie française (prix Saintour).

DOTTIN (Georges), *professeur à l'Université de Rennes.* **Contes et légendes d'Irlande,** traduits du gaélique 1901, in-8.. **3 fr. 50**

— **Louis Eunius ou le purgatoire de Saint Patrice.** Mystère breton en deux journées, publié avec introduction, traduction et notes. 1911, in-8, 408 pages........... **7 fr. 50**

« La légende du purgatoire de saint Patrice remonte très haut dans l'histoire ; on en trouve une mention dès le xii° siècle. Erasme, Rabelais, Lope de Vega ont utilisé la légende de Louis Eunius. Il est curieux de suivre avec M. Dottin l'évolution d'une légende célèbre vite populaire en Espagne et de la voir se transformer en un mystère en Bretagne. La traduction de M. Dottin est très savoureuse et pourrait tenter un essai théâtral. Les notes et remarques minutieuses et savantes font de ce livre, en même temps qu'un livre accessible au grand public, une importante contribution aux études celtiques.

DU BREIL DE PONTBRIAND (Vicomte). Un chouan. **Le général de Boisguy.** Fougères-Vitré, Basse Normandie et frontière du Maine (1793-1800). 1904, in-8 avec carte......... **7 fr. 50**

— **Nos Chevaliers de Saint-Michel ou de l'Ordre du Roi.** Notices et documents. 1907, in-8........................ **7 fr. 50**

— **Le comte d'Artois et l'expédition de l'île d'Yeu.** Erreurs historiques. 1910, in-12, vii-169........................ **2 fr.**

Du Breil de Pontbriand (Vicomte). Histoire généalogique de la maison du Breil. In-4 et supplément...... **30 fr.**

— **Deux anciens armoriaux bretons.** In-8....... **8 fr.**

— **Un homme d'Etat breton au XV° siècle.** In-8. **4 fr.**

— **Le dernier évêque du Canada français. Monseigneur de Pontbriand,** 1740-1760. 1910, in-8, 336 p., *portrait.* **3 fr. 80**

Dubreuil (L.). La Révolution dans le département des Côtes-du-Nord (Etudes et documents). Avec une préface par H. Sée. 1909, in-12, 300 pages................ **3 fr. 80**

Du Halgouet (V). Essai sur le Porhoët,** le comté, sa capitale, ses seigneurs. 1907, in-8, planches et carte...... **4 fr.**

— **Archives des châteaux bretons.** I. Inventaire des archives de Tregranteur, 1400-1430. P., 1903, in-8, 270 pages.............................. **4 fr. 80**

— **II. Inventaire des archives de Trédion.** 1911, in-8................................... **7 fr. 80**

— **Une page d'économie domestique : Les dépenses de Henri II duc de Rohan,** 1619. 1911, in-8, 55 p. et portrait.................................... **2 fr. 80**

— **Roues de fortune et carillons d'église.** 1908, in-8. **2 fr.**

Dupont (E.). La condition des paysans dans la sénéchaussée de Rennes à la veille de la Révolution. 1901, in-8.................................... **4 fr.**

Ernault (E.). Le mot « Dieu » en breton. 1906, in-8. **2 fr.**

— **Sur l'étymologie bretonne,** 1906, in-8....... **2 fr. 80**

— **Petite Grammaire bretonne,** avec des notions sur l'histoire de la langue et versification. 1907, in-12, cart... **1 fr.**

— **Etudes d'étymologie bretonne.** In-8........ **2 fr. 80**

— **Notes d'étymologie bretonne.** 2 vol. gr. in-8... **8 fr.**

— **Dictionnaire français-breton du dialecte de Vannes.** 1904, in-8................................... **8 fr.**

Félice (Ph. de). L'autre monde. Mythes et légendes. Le Purgatoire de Saint Patrice. 1906, in-8........ **8 fr.**

Fleury-Vindry. Les Parlementaires Français au XVI° siècle. Tome I, 1. Parlements d'Aix, Grenoble, Dijon, Chambéry, Dombes. 1909, in-8........................ **8 fr.**

— Tome I, 2. Parlements d'Aix (additions), Rouen, Rennes, Turin. 1909, in-8................................. **8 fr.**

— Tome II, 1. Parlement de Bordeaux. 1910, in-8...... **8 fr.**
    Couronné par l'Académie des Inscriptions.

— **Les demoiselles de Saint-Cyr** (1686-1793). 1908, in-8 de 459 pages.................................. **20 fr.**
    Preuves et notices généalogiques.

Fureteur breton (le) paraissant tous les deux mois. Abonnement.................................... **3 fr.**

— **Collection complète des 5 années.**................ **18 fr.**

GÉRARD-GAILLY (E.). **Un académicien grand seigneur et libertin au XVIIe siècle, Bussy-Rabutin, sa vie, ses œuvres et ses amies.** In-8 de XIII-427 pages. **6 fr.**

Couronné par l'Académie française.

GOUYON DE LA MOUSSAYE. **Mémoires de Charles Gouyon, baron de la Moussaye (1553-1587),** publiés d'après le manuscrit original par G. Vallée et Paul Parfouru. 1901, in-8 et supplément avec 2 fac-similés. **8 fr.**

GRIFFITH ROBERT. **A Welsh Grammar and other tracts,** in-18 divisé en 6 parties portant chacune une pagination particulière. In-18, pap. vergé, fac-sim. **25 fr.**

Réimpression page pour page de la célèbre grammaire galloise de Griffith Roberts, publiée à Milan en 1567.

HAIZE. **Une commune bretonne pendant la Révolution. Histoire de Saint-Servan** de 1789 à 1800. Lettre préface de Mgr Duchesne. 1907, in-8. **8 fr.**

HÉMON (P.). **Les Chouans dans les Côtes-du-Nord.** Réponse aux lettres ouvertes de M. Charles Robert, de l'Oratoire de Saint-Philippe-de-Néri (de Rennes), 1897, in-8. **1 fr.**

— **La Révolution en Bretagne. Notes et documents. Pamphlets ecclésiastiques.** 1901, in-8. **2 fr.**

— **Le comte de Trévou.** 1902, in-8. **2 fr.**

— **Audrein (Yves-Marie),** député du Morbihan à l'Assemblée législative et à la Convention nationale, évêque constitutionnel du Finistère (1741-1800). 1903, in-8. **5 fr.**

— **Le Deist de Botidoux a-t-il trahi les députés girondins proscrits ?** 1909, in-8, 51 p. et portrait. **2 fr.**

— **Saint-Yves-de-Vérité.** 1909, in-8. **2 fr.**

Heures d'Anne de Bretagne. Reproduction phototypique du ms. latin 9474 de la Bibliothèque Nationale, publiée sous la direction de M. H. Omont, de l'Institut. 63 planches dans un carton. **8 fr.**

KERVILLER (René). **Les évêques à l'Académie française : Antoine Godeau, évêque de Grasse et de Vence, l'un des fondateurs de l'Académie française. Étude sur sa vie et ses écrits.** 1879, in-8. **2 fr. 50**

— **La Bretagne à l'Académie française au XVIIe siècle. Études sur les académiciens bretons ou d'origine bretonne.** 1889, in-8. **10 fr.**

— **La Bretagne à l'Académie française au XIXe siècle,** d'après des documents inédits. 1909, in-8, VIII-342 p., portrait (ouvrage posthume tiré à 125 ex.). **7 fr. 50**

— **Armorique et Bretagne. Recueil d'études sur l'archéologie, l'histoire et la biographie bretonnes,** publiées de 1873 à 1892, revues et complètement transformées. 1893, 3 vol. in-8. **18 fr.**

— **Le procès des 132 Nantais** avec une relation inédite de leur voyage à Paris. (Ouvrage illustré de plusieurs portraits inédits), 1894, in-8. **2 fr.**

KERVILLER (René). Essai de Bio-Bibliographie de Cha-teaubriand et de sa famille 1896, in-8 .... **5 fr.**

LA BORDERIE (A. de), *membre de l'Institut.* **Histoire de Bre-tagne.** T. I-IV (2ᵉ tirage). 1905-1903, chaque volume. **20 fr.**
Le t. IV aux deux tiers composé à la mort de M. de la Borderie est terminé par M. Barthélemy Pocquet. — Le t. V et dernier suivra pro-chainement.

— Correspondance historique des Bénédictins bretons et autres documents inédits relatifs à leurs travaux sur l'his-toire de Bretagne, publiés avec notes et introduction. 1880, in-8 .... **8 fr.**
C'est pour ainsi dire un chapitre préliminaire à sa vaste *Histoire de Bretagne* que ce travail du savant La Borderie sur les Bénédictins bretons.

— Une prétendue compagne de Jeanne d'Arc : Pierronne et Perrinaïc. 1891, in-8 .... **1 fr. 50**

— Jean Meschinot, sa vie, ses œuvres, ses satires contre Louis XI. 1890, in-8 .... **4 fr.**

— Nouvelle galerie bretonne historique et littéraire. 1897, in-12 .... **5 fr.**

— Recueil d'actes inédits des ducs et princes de Bretagne (xiᵉ, xiiᵉ, xiiiᵉ siècles). 1899, in-8 .... **7 fr.**

— Notions élémentaires sur l'histoire de Bretagne. 1901, in-12 .... **5 fr.**

— La chronologie du cartulaire de Redon. 1901, in-8 .... **5 fr.**

— La Bretagne. Les origines bretonnes. La Bretagne aux grands siècles du moyen-âge. La Bretagne aux derniers siècles du moyen-âge. La Bretagne aux temps modernes. 1891-1903, 4 vol. in-12 .... **14 fr.**
Cours d'histoire professé à la Faculté des Lettres de Rennes.

LACOUR-GAYET (G.), *professeur à l'École supérieure de Marine, membre de l'Institut.* **La Marine militaire de la France sous le règne de Louis XV.** 1910. 2ᵉ édition revue et aug-mentée. In-8, x-578 p. .... **18 fr.**

— La Marine militaire de la France sous le règne de Louis XVI. 1905, in-8 .... **18 fr.**
Ouvrage couronné par l'Académie des Sciences morales et politiques. Pour la première fois l'histoire de la Marine qui de 1778 à 1783 a relevé l'honneur de la marine française, a été écrite en détail avec la minutieuse exactitude et avec la vie que pouvait seul donner un dépouillement complet des Archives de la Marine. Pour la première fois nous sommes mis à même de porter un jugement compétent sur les chefs d'escadre que la reconnaissance de la postérité a confondus dans une commune admiration (D'Orvilliers, D'Estaing, Guichen, la Motte Picquet, Grasse, le bailli de Suffren). M. L. G. a raconté toute cette histoire de la manière la plus captivante. »
Gabriel Monod, *Revue hist.,* nᵒ 181, p. 165-168.

— La Marine militaire de la France sous les règnes de Louis XIII et de Louis XIV. Tome Iᵉʳ, **Richelieu, Mazarin,** 1624-1661. 1911, in-8 et planches .... **7 fr. 50**
Le tome II est sous presse.

LA GRIMAUDIÈRE (H. de). **Autour du berceau d'un enfant de France.** 1907, in-8....................... 6 fr.

LAIGUE (C** R. de). **La noblesse bretonne aux XV* et XVI* siècles.** Réformations et montres. Tome 1**, 1902, 2 vol. pet. in-4...................... 24 fr.

LA MONNERAYE (Charles de). **Géographie ancienne et historique de la péninsule Armoricaine (La Bretagne).** 1884, in-8....................... 8 fr.

LA NICOLLIÈRE-TEIJEIRO (S. de). **La Course et les Corsaires du port de Nantes.** Armements, combats, prises, pirateries, etc. 1896, in-8....................... 7 fr. 50

LATOUCHE (Robert). **Mélanges d'histoire de Cornouaille** (VI*-XI* siècles). 1911, in-8 et 2 planches...................... 5 fr.

La vie de saint Guénolé. — La vie de saint Idunet. — Le cartulaire de Landevenec.

LA TRÉMOILLE (Duc de). **Souvenirs de la princesse de Tarente** (1789-1792). 1901, in-8, planches....................... 5 fr.

Réfugiée en Angleterre, à sa sortie de la prison de l'abbaye, la princesse de Tarente, ancienne dame d'honneur de la reine, écrivit ses mémoires. Ils se rapportent aux premières années de la Révolution et finissent en 1792. C'est peut-être le témoignage le plus simple et le plus saisissant que nous possédions sur les massacres révolutionnaires.

LE BRAZ (Anatole). **Tryphina Keranglaz.** Poème. 1892, in-12....................... 3 fr.

Ces poèmes charmants furent le début de M. Le Braz dans les lettres.

— **La Légende de la mort chez les Bretons armoricains.** 3* édition, revue et corrigée avec des notes sur les croyances analogues chez les autres peuples celtiques, par Georges DOTTIN, professeur adjoint à l'Université de Rennes et, en appendice, l'introduction à la 1** édition par L. MARILLIER. 1912, 2 forts vol. in-12....................... 10 fr.

Un premier tirage de cet important recueil de légendes avait paru, en 1893, en un volume. Rapidement épuisé, il donna à M. Le Braz une solide réputation, qui n'a fait, depuis lors, qu'accroître et embellir. Poursuivant le cours de ses études, l'auteur a pu doubler sa moisson de légendes. Il a eu la bonne fortune, étant de race bretonne, de rencontrer chez les plus humbles de ses compatriotes des auxiliaires émérites. Et, chose plus rare, écartant tout vain désir de littérature, aux contes des bonnes femmes et des vieux matelots, il a su conserver naïveté et poésie, ce qui leur assure un charme qui ne périra pas.

De tous les peuples celtiques les Bretons sont peut-être celui qui a conservé le plus intacte l'antique curiosité de la race pour les problèmes de la mort. Il n'y a pas de sujet qui les captive davantage, ni qui leur soit plus domestiqué, en quelque sorte, et plus familier. La physionomie même du pays qu'ils habitent semble avoir contribué à les entretenir dans cet état d'esprit. Le paysage est de complicité avec le climat. Toute la conscience du peuple est orientée vers les choses de la mort. N'était-ce donc pas ajouter à la Bretagne un charme de plus que de dire toutes ces *Légendes de la Mort* qui font comprendre merveilleusement tant de choses restées diffuses, inexpliquées dans l'esprit du voyageur? Les notes de M. Dottin ajoutent encore à l'intérêt de l'ouvrage. On y trouve, réunis et condensés, avec autant de conscience que de science, les éléments d'une information d'ensemble sur les conceptions relatives à la mort dans le monde celtique tout entier. C'est une des grandes nouveautés de cette réédition qui re..e un des monuments les plus complets du folk-lore.

Le Braz (Anatole). **Textes bretons inédits** pour servir à l'histoire du théâtre celtique. 1904, in-8.............. **1 fr.**

— **Cognomerus et sainte Tréfine.** Mystère breton en deux journées. Texte et traduction. 1901, in-8...... **4 fr.**

— **Vieilles histoires du pays breton.** 1905, in-18. **3 fr. 50**

    I. *Vieilles histoires bretonnes.* La Charlezenn. — Le Bâtard du roi. — Histoire Pascale. — La légende de Margeot.

    II. *Aux Veillées de Noël.* Nédeleck — Noël de Chouans. — La Noël de Jean Rumengol. — A bord de le Jeanne Augustine. — La chouette. — Le puits de Saint-Kadô. — Le Forgeron de Plouzélambre. — En « Alger d'Afrique ».

    III. *Récits de passants.* Les deux amis. — La hache. — Le péché d'Ervoanic Prigent. — Humble amour.

    3e édition de ce recueil de contes bretons de l'écrivain bien connu.

— **Au pays d'exil de Chateaubriand.** 1909, in-12, 2e édition.. **3 fr. 50**

    « Les années d'exil de Ch. en Angleterre étaient jusqu'à présent assez mal connues. M. A. Le B. s'est efforcé de nous les faire mieux connaître ; et il y a très heureusement réussi. Sans vain étalage, mais avec des « dessous » très solides d'érudition, il s'est attaché à reconstituer, d'après les traditions du pays et des documents recueillis sur les lieux mêmes, la vie de l'émigré à Beccles, puis à Bungay. Il nous prouve que Ch. a rempli en Angleterre les fonctions de professeur de français, et, en éclairant l'une par l'autre l'œuvre et la biographie du poète, il établit la chronologie de son labeur d'écrivain. Surtout il nous raconte le « roman de Charlotte » et il suit dans l'œuvre postérieure de René la trace ineffaçable de cette aventure de jeunesse. Tous ces récits s'égaient de piquants et pittoresques tableaux de la vie anglaise au XVIIIe siècle, souvenirs personnels rapportés par l'auteur de son pèlerinage romanesque « au pays d'exil de Chateaubriand ».

                   Revue des Deux-Mondes, 1er juin 1909.

— **Voir : Soniou Breiz Izel.**

Lecomte (Ch.). **Le Parler Dolois.** Etude et glossaire des patois composés de l'arrondissement de Saint-Malo, suivi d'un relevé des locutions et dictons populaires. 1910, in-8, 212 pages.. **5 fr.**

Le Falher (J.). **Monographies chouannes,** d'après les archives nationales et les archives départementales. 1911, in-8 de VII-221 pages........................... **3 fr. 50**

    Un curé blanc et bleu. — Marmiton et général. — Justice chouanne. — Espionnage bleu et espionnage blanc. — Médaillon révolutionnaire. — La trahison de Rohu. — Introduction du Concordat en pays chouan.

Lefranc (Abel), *professeur au Collège de France.* **Maurice de Guérin,** d'après des documents inédits. 1910, in-8, portrait.. **5 fr.**

Le Gallen (Léandre). **Belle-Ile.** Histoire politique, religieuse et militaire, mœurs, usages, marine, pêche, agriculture, biographies belliloises. 1907, in-8................. **7 fr. 50**

Le Goffic (Ch.). **La Bretagne et les Pays celtiques. L'Ame Bretonne.** I-II séries, 5ᵉ édition illustrée, chaque. **3 fr. 50**

Dans cette nouvelle édition, complètement refondue et enrichie d'un nouveau tome inédit, c'est tout le passé de la vieille péninsule armoricaine, mœurs, traditions, croyances, littérature, etc., qui nous est présenté en une synthèse puissante. L'art breton, si original, y a sa place près de l'art dramatique, d'un archaïsme si savoureux. Le prêtre, le barde, le soldat sont étudiés dans des monographies spéciales. De fins et délicats portraits (Ernest Renan, Henriette Renan, Jules Simon, H. de la Villemarqué, F.-M. Luzel, N. Quellien, Emile Souvestre, l'amiral Réveillère, Jean-Louis Hamon, Gustave Geffroy, Yann Nibor, Jaffrennou-Taldir, etc.), achèvent de nous renseigner sur les caractères essentiels de l'*Ame Bretonne*.

Le livre de Charles Le Goffic, couronné par l'Académie française d'une de ses plus hautes récompenses, le prix Née, réservé à « l'auteur de l'œuvre la plus originale comme forme et comme pensée », ce livre ne fait pas seulement aimer la Bretagne : il l'explique.

Vient de paraître : 3ᵉ série.

Le Gonidec. **Vocabulaire français-breton,** revu par A. Troude. 1838, in-18................................. **1 fr. 25**

— Le même, **breton-français.** 1889, in-18...... **1 fr. 25**

— **Dictionnaire français-breton,** enrichi d'additions et d'un essai sur l'histoire de la langue bretonne par T. Hersart de la Villemarqué. 1847, in-4....................... **15 fr.**

— Le même, **breton-français,** précédé de la grammaire bretonne, enrichi d'un avant-propos, d'additions et des mots gallois et gaels correspondants en breton par T. Hersart de la Villemarqué. 1850, in-4....................... **15 fr.**

Le Lay (F.). **Histoire de la ville et communauté de Pontivy au XVIIIᵉ siècle.** (Essai sur l'organisation municipale en Bretagne). 1911, in-8 de 396 pages...... **7 fr. 50**

Il faut lire ce livre, entrepris après une lecture de Tocqueville et de Taine, et qui est à rapprocher de ces deux grands noms. Cette foule qu'on appelle le Tiers-Etat dont on entend si souvent parler et dont on ne fait qu'entrevoir une très vague silhouette, on la voit ici vivre et s'agiter. L'auteur a borné son effort à la ville de Pontivy, une des quarante-deux municipalités qui députaient aux Etats. Mais le dépouillement de ses archives a donné un tel résultat que c'est ici comme l'histoire de la population urbaine du xviiiᵉ siècle et l'organisation de l'administration municipale de la Bretagne. Le chapitre du *Budget*, celui sur les *garnisons* et troupes de passage, la milice bourgeoise, la noblesse, etc., sont des plus piquants.

Lemière (Edmond). **Bibliographie de la Contre-Révolution dans les provinces de l'Ouest** ou des guerres de la Vendée et de la Chouannerie (1793-1815-1832). 5 fasc. parus 1901-1903, in-8, chaque........................... **3 fr.**

On souscrit à la suite.

Lemoine (Jean), *archiviste-paléographe.* **La révolte dite du papier-timbré** ou des Bonnets-Rouges en Bretagne, en 1675. Etude et documents. 1898, in-8. *Epuisé.*............ **10 fr.**

— et Lichtenberger (André). **Trois familiers du grand Condé : L'abbé Bourdelot. Le Père Talon. Le Père Tixier.** Beau volume in-16 jésus de VIII-338 pages... **5 fr.**

Couronné par l'Académie française.

Le Moy (A.). **Le Parlement de Bretagne et le pouvoir royal au XVIII⁰ siècle.** 1909, in-8, 605 p............ **10 fr.**

Prix Thérouanne à l'Académie française.

— **Les Remontrances du Parlement de Bretagne au XVIII⁰ siècle.** Textes inédits précédés d'une introduction. 1909, in-8, 250 p.................... **5 fr.**

Le Roux (L.). L'armée romaine de Bretagne. 1911, in-8, 157 pages et cartes................ **6 fr.**

Lisle (V⁰ de). Les Fouetteuses de Couëts. Episode de la Révolution à Nantes. Avant-propos de G. Lenôtre. In-12 de 47 pages.......................... **1 fr. 50**

Liste des religieuses de l'abbaye de Saint-Sulpice-la-Forêt, p.p. Dom Anger, in-8,................ **1 fr.**

Loth (J.), *professeur au Collège de France.* **Vocabulaire vieux-breton** avec commentaire, contenant toutes les gloses en vieux breton, gallois, cornique, armoricain connues. Précédé d'une introduction sur la phonétique du vieux breton et sur l'âge et la provenance des gloses. 1884, gr. in-8.......................... **10 fr.**

— **Chrestomathie bretonne.** 1890, gr. in-8........ **10 fr.**

— **Remarques et corrections** au lexicum cornu-britannicum de Williams. 1902, in-8.................... **2 fr.**

— **L'année celtique** d'après les textes irlandais, gallois, bretons et le calendrier de Coligny. 1904, in-8............ **3 fr.**

— **Contribution à la lexicographie et l'étymologie celtique.** 1906, in-8.................... **2 fr.**

— **Les noms des saints bretons.** 1910, in-8........ **3 fr.**

Origines, étymologies, histoire et archéologie des prénoms bretons.

— **La langue romane et bretonne en Armorique.** 1903, in-8, 30 p.......................... **2 fr.**

— **Questions de grammaire et de linguistique brittonique.** Fasc. 1: La particule verbale *Ro* dans les langues brittoniques. 1911, in-8, 164 p.................... **6 fr.**

Lot (Ferdinand). Mélanges d'histoire bretonne (VI⁰-XI⁰ s.). 1907, in-8.......................... **15 fr.**

Recueil de mémoires très importants par le savant professeur Lot, sur l'hagiographie bretonne et reproduisant des textes édités avec toute la rigueur scientifique: la plus ancienne vie de saint Malo, la Vita Machutis par Bill et la vie de saint Gildas.

Maury (Alfred), *de l'Institut.* **Croyances et légendes du Moyen-Age.** 1896, in-8 (portrait).................... **12 fr.**

Mehée de la Touche (J.-C.-H.). Les Noyades ou Carrier au tribunal révolutionnaire. 1879, in-8.................... **2 fr.**

Mélodies d'Armorique. Recueil de chansons populaires bretonnes en musique (avec traduction française) recueillies par H. Laterre et F. Gourvil. 1911, in-12........ **3 fr. 50**

Merlet (L.) et Gosselin (Max de). Récit des funérailles d'Anne de Bretagne, précédé d'une complainte sur la mort de cette princesse et de sa généalogie, le tout composé par Bretaigne, son héraut d'armes. 1858, in-8.... **2 fr. 50**

MOLLAT (Abbé G.). **Etudes et documents sur l'histoire de Bretagne** (XIII°-XVI° siècles). 1907, in-8........... **6 fr.**
Important recueil de pièces du XIV° siècle, concernant le pays breton, les abbayes bretonnes, les diocèses, les évêques et la cour des ducs de Bretagne. *Couronné par l'Institut.*

Monbielle d'Hus. Souvenirs en forme de mémoires d'Henriette de Monbielle d'Hus, marquise de Ferrières-Marsay (1744-1837), publiés et annotés par le V'° A. Frotier de la Messillère. 1910, in-8 de 63 p., portrait............ **2 fr.**

MOREAU (Joseph). **Moreau maître en fait d'armes à la Jeunesse Nantaise,** réimpression de la brochure originale augmentée d'une préface, des états de service. 1886, in-8........... **1 fr. 50**

Mystère de saint Crespin et saint Crespinien, publié pour la première fois par L. DESSALLES et P. CHABAILLE. Gr. in-8, pap. vélin, fac-sim........... **10 fr.**

Mystère breton de saint Crépin et saint Crépinien, publié avec une introduction et des notes par Victor TOURNEUR. 1907, in-8........... **5 fr.**

ORAIN (Adolphe). **Contes du pays Gallo :** I. Cycle mythologique. — II. Cycle chrétien. — III. Contes facétieux. — IV. Contes de voleurs. — V. Le monde fantastique. 1901, in-12........... **3 fr. 50**

PALUSTRE (Léon). **L'ancienne cathédrale de Rennes,** son état au milieu du XVIII° siècle, d'après des documents inédits. 1884, in-8. (*Blasons en couleurs*)........... **10 fr.**

PARFOURU, *archiviste d'Ille-et-Vilaine.* **Une saisie de navires marchands anglais à Nantes** en 1587. 1893, in-8. **2 fr.**

— **Les délégués de l'archevêque de Tours en Bretagne** (1570-1790). 1894, in-8........... **3 fr.**

— **Une mutinerie au collège de Rennes** en 1620. 1894, in-8........... **1 fr.**

— **Les comptes d'un évêque et les anciens manoirs épiscopaux de Rennes et de Bruz au XVIII° siècle.** 1895, in-8. **2 fr.**

— **Une révolte d'écoliers au collège de Vannes** (XVIII° s.). 1895, in-8........... **1 fr.**

— **Une rixe à Locronan pendant la procession de la Troménie** (14 juillet 1737). 1898, in-8........... **1 fr.**

— **Capture d'un corsaire espagnol** près de Perros-Guirec par les habitants de Lannion (28 août 1648). 1893, in-8. **1 fr.**

— **Anciens livres de raison de familles bretonnes** conservés aux archives d'Ille-et-Vilaine. 1893, in-8........... **3 fr.**

— **Lettres du peintre L.-J. de Launay** (1724-1726). 1898, in-8........... **2 fr.**

— **Inventaire des archives de la paroisse Saint-Sauveur de Rennes,** par Gilles de Languedoc (1720). 1800, in-8........... **2 fr. 50**

PARFOURU, *archiviste d'Ille-et-Vilaine*. **Une course de Quintaine à Availles** en 1507. 1899, in-8.............. **1 fr.**

— **Un ancien terme pratique en Bretagne**, 1 feuille in-8... **1 fr.**

— **Les dépenses de Pierre Botherel, vicomte d'Apigné** (1617-1648). 1902, in-8, avec 2 planches hors texte. **4 fr.**

— **Les anciennes tapisseries du Palais de Justice de Rennes.** 1901, in-8...................... **1 fr.**

PORT (Célestin). **La légende de Cathelineau.** 1893, in-8.. **4 fr.**

— **La Vendée angevine.** Les origines, l'insurrection. 1888, in-8, tome I................................ **4 fr.**

POTIER DE COURCY. **Nobiliaire de Bretagne,** 3ᵉ éd. 1890. 3 vol. in-8 et 3 atlas de blasons............ **120 fr.**

QUESSETTE (F.). **L'administration financière des états de Bretagne de 1689 à 1715.** 1911, in-8, 225 p. **6 fr.**

L'étude de la fiscalité nous donne l'un des aspects les plus frappants, l'aspect le plus sincère peut-être de la vie politique de la Bretagne. La seconde partie du règne de Louis XIV marque une politique fiscale nouvelle et audacieuse : la royauté veut atteindre les privilégiés. Comment seront accueillies les innovations des successeurs de Colbert ? Les charges nouvelles qui ont alors pesé sur la Bretagne et atteint l'oligarchie même des Etats, ont, bien loin d'accentuer la décadence des institutions locales, préparé leur rajeunissement prochain. Jamais les Etats n'ont mis plus de souplesse docile dans leurs relations avec la royauté. Une politique de réalisations modestes s'est substituée au symbolisme creux des formules et c'est dans une œuvre administrative obscure et comme silencieuse que naît et se développe la tendance à l'autonomie. Etudier cette œuvre a été l'objet du présent travail. Observer le jeu des impositions nouvelles et parallèlement le progrès des libertés administratives ; rechercher quelles charges ont pesé sur les contribuables bretons, ce que l'autonomie naissante a coûté à la province ; établir si les Etats qui ont eu la prétention de représenter le petit peuple de Bretagne ont été dans le jeu de la fiscalité un organisme modérateur ; déterminer ainsi à l'heure où cette institution renaît et se prépare à jouer au xviii° siècle un grand rôle la portée sociale de ses interventions : voici quelques points qu'a éclairci M. Quessette ; et par là son livre appartient à l'histoire générale de la France.

RÉMACLE (L.). **Voyage de Paris en 1782.** Journal d'un gentilhomme breton. 1900, in-8.................... **2 fr.**

RÉVÉREND (Vᵗᵉ Albert).

Les Familles titrées et anoblies au XIXᵉ siècle

I. — Armorial du Iᵉʳ Empire

(1808-1815), donnant toutes les lettres patentes concernant les grands fiefs, les titres de droit et autres, les majorats, les dotations, ainsi que les décrets non suivis de patentes de confirmations et les autorisations de titres étrangers, conférés par Napoléon Iᵉʳ.

4 volumes, gr. in-8, 1.450 p........................... Prix : **100 fr.**

— **Album de l'armorial du Iᵉʳ Empire,** avec la collaboration du Cᵗᵉ Eug. VILLEROY. 110 planches petit in-fol. de 30 écussons chacune... **200 fr.**

Contenant les 3.550 armoiries en couleurs, accordées par lettres patentes de Napoléon Iᵉʳ aux grands dignitaires, princes, ducs, comtes.

barons et chevaliers de l'Empire, ainsi que celles de la famille impériale et des planches pour les ornements extérieurs et signes intérieurs, indiquant l'origine, donnés par Napoléon I".

L'ouvrage, très rare complet, de Simon qui ne comprenait que les planches en noir, est désormais remplacé avantageusement.

II. — Titres, Pairies et Anoblissements de la Restauration

(1814-1830), donnant tous les titres de la pairie héréditaire (supprimée en 1830) et majorats de pairie, les autres titres et majorats, les anoblissements et confirmations de noblesse, ainsi que les ordonnances de titres non régularisés par des lettres patentes, conférés par les rois Louis XVIII et Charles X.

6 volumes, gr. in-8, 2.000 p.................. Prix : **180** fr.

III. — Titres et Confirmations de Titres

(*Monarchie de Juillet — 2° République — 2° Empire — 3° République — 1830-1908*) donnant tous les titres concédés et les confirmations de titres et de majorats, ainsi que les autorisations de port de titres étrangers et les particules concédées et non publiées au *Bulletin des Lois*, par les différents régimes, depuis 1830 jusqu'à la fin de l'année 1908, avec une table générale des noms cités.

1 volume, gr. in-8, 700 p., en deux parties.... Prix : **80** fr.

Annuaire de la Noblesse de France

Fondé en 1843, par Borel d'Hauterive et continué depuis 1901 par le vicomte Révérend, paraît chaque année et donne l'état des maisons souveraines, ducales et princières ; des généalogies ; une revue héraldique des parlements, des conseils généraux, de l'armée, de la marine, etc. ; les naissances, mariages et décès survenus chaque année ; la jurisprudence nobiliaire, etc., etc., avec de nombreux blasons.

Chaque année (sauf épuisées)................... Prix : **10** fr.

Dernier paru : **1911**.

La collection des 67 volumes parus forme le nobiliaire et l'armorial français le plus complet et le plus autorisé.

Revue Celtique, fondée par H. GAIDOZ et H. D'ARBOIS DE JUBAINVILLE et publiée avec le concours des principaux savants des Iles Britaniques et du Continent, par J. LOTH, G. DOTTIN, E. ERNAULT et J. VENDRYES.

Prix d'abonnement : Paris, **20** fr. — Départements et Union postale, **22** fr. Prix du numéro.......... **8** fr. **50**

A commencé à paraître en 1870. La collection forme 31 volumes et coûte.......................... **585** fr.

Revue de Bretagne (La), exclusivement bretonne, historique et littéraire. *Mensuelle*. Un an : France, **12** fr. — Étranger, **15** fr. Est née de la fusion de la *Revue de Bretagne et de Vendée* et de la *Revue de l'Ouest*, dirigée par le marquis DE L'ESTOURBEILLON et M. R. DE LAIGUE.

RÉBILLON (A.). La vente des biens nationaux dans l'ancienne commune de Fougerais. 1909, in-8, 38 p. **1** fr.

Rio (A.-F.). La petite chouannerie. Histoire d'un collège breton pendant les Cent-Jours. 1881, in-12............ **3** fr.

ROSTRENEN (Le P. F. G. de). **Dictionnaire français-celtique ou français-breton,** etc. 2 vol. in-8.............. **10 fr.**

SAINÉAN (Lazare). **L'argot ancien (1455-1850).** Ses éléments constitutifs, ses rapports avec les langues secrètes de l'Europe méridionale et l'argot moderne, avec un appendice sur l'argot jugé par Victor Hugo et Balzac. 1907. Beau volume petit in-8....................................... **8 fr.**

SAUVÉ (L.-F.). **Proverbes et dictons de la Basse-Bretagne** recueillis et traduits par l'auteur. 1878, in-8. *Épuisé, Net*................................. **7 fr. 50**

Soniou Breiz-Izel. Chansons populaires de la Basse-Bretagne recueillies et traduites par F.-M. Luzel avec la collaboration de M. A. Le Braz. Soniou (Poésies lyriques). 1890, 2 vol. in-8.................................... **16 fr.**

Tome I. Chansons enfantines ; sentimentales. — Tome II Mariage ; chansons humoristiques et satiriques ; mœllers ; chansons de soldats et chansons de bord ; Noëls et chansons religieuses.
La traduction française est en regard du texte breton. Importante Introduction d'Anatole Le Braz.

STOCKES (W.). **Togail Bruidne Da Derga,** the destruction of Da Derga's hostel. 1902, in-8.................... **8 fr.**

— **Colloqui of twho Sage.** 1905, in-8.............. **3 fr.**

— **The birth and life of S' Moling.** 1906, in-8. **2 fr. 50**

Texte du plus haut intérêt, très utile pour l'explication en commun dans les écoles supérieures et les universités.

TIERCELIN (Louis). **Bretons de Lettres.** 1905. in-12. **3 fr. 50**

Leconte de Lisle étudiant. — Villiers de l'Isle Adam chrétien. — Hippolyte Lucas au Temple du Cerisier. — Brizeux à Scaër.

VALLÉE (F.). **La langue bretonne** en 40 leçons. Seconde édition, in-8, 196 pages................. *net* **3 fr. 25**

Vie de saint Patrice (La). Mystère breton en trois actes, texte et traduction par Joseph Dunn, professeur à l'Université catholique de Washington. 1909, in-8, xxxii-265 p... **6 fr.**

Vision (La) de Tondale (Tnudgal), textes français, anglo-normand et irlandais publiés pour la première fois, par V. H. Friedel et Kuno Meyer. 1907, in-8......... **7 fr. 50**

Ce livre peut être considéré comme la *descente aux enfers* d'un Dante breton.

WILLIAMS (Mary Rh.). **Essai sur la composition du roman gallois de Peredur.** 1910, in-8, br.. **3 fr. 50**

MÉMOIRES

DU

CAPITAN ALONSO DE CONTRERAS

lequel, de marmiton se fit commandeur de Malte

ÉCRITS PAR LUI-MÊME

ET MIS EN FRANÇAIS

par Marcel LAMI et Léo ROUANET

1911. In-8 écu .... 3 fr. 50

Ces mémoires qu'avait voulu traduire J. M. de Hérédia, sont un des livres les plus divertissants qui soient ; c'est écrit à la diable par un homme qui agissait à la diable. Ils feraient la joie — pour des raisons différentes — d'un Stendhal, d'un Gautier, d'un Dumas.

Tour à tour apprenti, gâte-sauces, valet, soldat, marin, pendard presque pendu, corsaire, pillard, justicier, capitaine de terre et de mer, gouverneur de villes, ermite entre temps et commandeur de l'ordre de Malte, pour couronner, Contreras a une vie que nos courages amortis considéreraient comme invraisemblable, si nous n'avions d'ailleurs confirmation de ses hauts faits, accidents et prouesses. Parti de rien, ayant touché à toutes les extrémités de ce que les cœurs faibles appellent remords ou malheur, il en vient à être reçu avec honneur par le roi et le pape et même intronisé chevalier dans l'ordre qui réclamait quatre quartiers de noblesse et des vertus...

LETTRES DU BARON DE CASTELNAU

Officier de Carabiniers
1728-1793

Publiées avec notice, notes, index et fac-similés
par le Baron de BLAŸ DE GAÏX

Préface de M. Arthur CHUQUET, membre de l'Institut

In-8 de VIII-372 pages.......................... 3 fr. 50

Officier de carabiniers, ce militaire a pris part à la guerre de Sept Ans comme cornette et lieutenant. C'est un homme d'honneur, un vrai gentilhomme d'ancien régime, fort peu XVIII° siècle, très provincial et bon chrétien. Ses lettres plus véridiques que des mémoires fournissent des détails intéressants sur le milieu militaire et civil auquel il appartient, sur le recrutement des cadres, les dépenses des officiers, les sacrifices d'une famille de gentilshommes provinciaux, l'épargne méritoire des uns et des autres, leur vie privée et leur sociabilité.

L'histoire de son mariage, épisode d'un intérêt poignant, vient ajouter une note romantique aux aperçus militaires. La fermeté de ses principes ne se démentit pas un seul instant. et jusqu'au pied de l'échafaud il resta fidèle à son roi. La meilleure preuve que les principes de morale restèrent en honneur dans sa famille est fournie par un document précieux qui fait l'objet du dernier chapitre : ce sont les conseils laissés par le baron de Gaïx, frère aîné de Castelnau, à ses enfants pour leur recommander de rester des hommes d'honneur jusqu'à leur dernier soupir. Et comme le dit M. Chuquet « *on croit entendre Alfred de Vigny* ».

Vient de paraître :

Correspondance Générale de Chateaubriand

PUBLIÉE

Avec Introduction, Indication des Sources, Notes et Tables doubles

par L. THOMAS

TOME PREMIER, in-8, 400 pages et portrait inédit..   10 fr.

L'édition paraîtra à raison de deux volumes par an. Elle formera environ 5 volumes in-8 raisin de 600 pages chacun à 10 fr., auxquels on souscrit dès maintenant. Le tirage sera limité à 1.000 exemplaires numérotés sur papier d'alfa. Il sera tiré en plus 100 exemplaires sur papier hollande Van Gelder à 20 fr. le volume, et 10 exemplaires sur japon à 30 fr., tous numérotés. Les caractères employés seront d'une fonte de beau Didot, fabriqué spécialement. Il ne sera pas fait de service dit de presse et l'édition ne sera pas réimprimée.

Voici que paraît enfin ce recueil si attendu, un des chefs-d'œuvre de notre littérature, certainement l'une des *Correspondances* les plus belles qui soient dans notre langue, et que l'on mettra tout de suite sur le pied des plus célèbres.

M. Thomas a puisé à toutes les sources connues. Il nous livre le fruit de plusieurs années de recherches. L'édition qu'il publie aujourd'hui constituera un instrument de travail et une source de documents pour l'histoire littéraire et politique que tout le monde se devra d'avoir dans sa bibliothèque. Aujourd'hui que l'on parle tant de Chateaubriand pour reconnaître ou discuter ses mérites et sa sincérité, voici des documents destinés à remettre hommes et choses en leur vraie place.

Les lettres sont publiées dans leur ordre chronologique, avec l'indication des sources où on les a prises et les notes nécessaires à l'intelligence du texte. L'édition sera complétée par une table des correspondants et des noms cités.

Un supplément réunira les lettres encore inconnues de l'éditeur et qui seront venues grossir le recueil pendant l'impression de la correspondance.

On peut être assuré que l'éditeur, fervent admirateur de Chateaubriand, et possesseur du manuscrit des *Mémoires d'Outre-Tombe*, donnera ses meilleurs soins à l'édition d'une telle correspondance, si importante au double point de vue de l'histoire politique et littéraire de la France.

Abbé E. FLEURY

HIPPOLYTE DE LA MORVONNAIS

Sa Vie, ses Œuvres, ses Idées

Etude sur le romantisme en Bretagne d'après des documents inédits

1911. In-8 de 588 p., portrait et 5 grav. hors texte..   7 fr. 50

HIPPOLYTE DE LA MORVONNAIS

Œuvres choisies (poésie et prose)

Avec des notes explicatives par l'Abbé E. FLEURY

1911. In-8 de 150 pages.................................   2 fr. 50

Abel LEFRANC
Professeur au Collège de France

LES LETTRES ET LES IDÉES DEPUIS LA RENAISSANCE

TOME I

MAURICE DE GUÉRIN

D'APRÈS DES DOCUMENTS INÉDITS

1910. In-8, n-321 pages, *portraits, vues et autographes*.. 8 fr.

On connaît la manière des livres de M. Lefranc : tout y est neuf. Parmi les chapitres de la biographie, qu'enrichit M. Lefranc, et dont l'un au moins importe à l'histoire générale, citons son séjour à la Chênaie, chez Lamennais, qui ne le comprit ni ne l'aima ; son passage au Val de l'Arguenon, chez la Morvonnais ; et de vraies révélations, tout à fait piquantes, sur ses amitiés, ses relations de famille, ses passions, son mariage. Barbey d'Aurevilly s'y détache en pleine lumière, pour son amitié fidèle, son zèle pieux d'éditeur et sa finesse de psychologue. — Littéralement, M. Lefranc a non seulement expliqué le Centaure et la Bacchante, qui paraissent de purs miracles, en retrouvant dès l'adolescence les sources et en esquissant les étapes du panthéisme de Guérin, mais il en a même découvert les sources livresques,

(Revue Universitaire.)

Augustin COCHIN
Archiviste paléographe

La crise de l'Histoire révolutionnaire

TAINE ET M. AULARD

DEUXIÈME ÉDITION, REVUE

1910. Volume In-8.......................... 2 fr. 50

E. LEFÈVRE-PONTALIS

LE PLAN

D'UNE

MONOGRAPHIE D'ÉGLISE

ET LE

VOCABULAIRE ARCHÉOLOGIQUE

1910. In-4, 5 planches et figures. (Extr. de la *Revue de l'Art chrétien*)............................. 1 fr. 50

Ouvrages d'Edmond BIRÉ

LÉGENDES RÉVOLUTIONNAIRES

In-8.. 7 fr. 50

Le pacte de Famine. — La Bastille sous Louis XVI. — La vérité sur les
Girondins. — Le brigadier Musca. — La légende Leperdit. — L'Institut
de France. — La Congrégation. — Les bourgeois d'autrefois. — L'enseignement avant 1789 et pendant la Révolution.

L'ANNÉE 1817

In-8 de 436 pages.. 7 fr. 50

Victor Hugo, dans ses *Misérables*, trace un tableau d'ensemble de
l'année 1817. M. Edmond Biré le vérifie à l'aide de nombreux documents
et c'est pour lui un motif à autant d'études intéressantes sur la magis-
trature, la Chambre des députés, la presse, l'Académie française, les
lycées, les théâtres, les salons de peinture de cette époque, etc. Artistes,
poètes, romanciers, politiciens, romantiques se montrent donc dans ce
livre sous leur véritable aspect.

HONORÉ DE BALZAC

In-8 de 323 pages... 6 fr.

Ce volume de M. Edmond Biré renferme une série de chapitres sur
Balzac, écrits d'après des documents inédits et qui montrent l'auteur de
la *Comédie humaine* sous des aspects qui n'avaient pas encore été étudiés. Balzac y apparaît aussi grand comme historien que comme romancier. Son théâtre y est aussi pour la première fois, l'objet d'un examen
très complet, ainsi que les pièces si nombreuses tirées de ses romans et
de ses nouvelles. Aucun livre, jusqu'à ce jour, n'avait mieux exposé ses
théories politiques.

Auguste LONGNON
de l'Institut

DE LA FORMATION DE L'UNITÉ FRANÇAISE

Leçon professée au Collège de France, le 4 décembre 1889

1904. 2e édition, in-8.. 1 fr.

Cette leçon prononcée au Collège de France par le maître de la géographie historique, M. Longnon, fait merveilleusement comprendre la
formation de l'ancienne France. Elle est utile à tous ceux qui sont destinés à en étudier l'histoire et nous avons cru rendre service à tous les
travailleurs en en donnant une *nouvelle édition*.

Pierre CHAMPION
Archiviste-Paléographe

LA VIE DE CHARLES D'ORLÉANS

(1394-1465)

1911. Fort vol. in-8, 700 pages, avec 16 phototypies. 15 fr.

Ouvrages de Siméon LUCE
Membre de l'Institut

JEANNE D'ARC A DOMRÉMY

RECHERCHES CRITIQUES
sur les Origines de la Mission de la Pucelle
accompagnées de pièces justificatives

In-8.. 12 fr.

C'est Jeanne d'Arc avant sa mission que Siméon Luce s'est efforcé ici de découvrir. Traçant l'histoire minutieuse des luttes de la Royauté française dans la vallée de la Meuse au XV° siècle, étudiant les manifestations franciscaines à la cour d'Anjou-Sicile et l'influence du culte de saint Michel, il a pu montrer comment la foi religieuse, l'ardeur, le culte mystique de la royauté, l'idée chez Jeanne d'une intervention providentielle en faveur de la France s'incarnant en saint Michel, devaient trouver dans un petit coin de terre française de profondes racines. Les rapports de Jeanne d'Arc et de frère Richard, Colette Boilet, sont un chapitre des plus nouveaux sur la dévotion franciscaine de la Pucelle. Pour cette période de préparation pour ainsi dire intérieure, Siméon Luce a eu le bonheur de réunir de très nombreuses pièces justificatives d'un puissant intérêt.

HISTOIRE DE LA JACQUERIE

D'APRÈS DES DOCUMENTS INÉDITS
Nouvelle édition considérablement augmentée et précédée
d'une bibliographie des travaux de l'auteur

1895. In-8, portrait .... 12 fr.

Les chroniqueurs contemporains n'avaient donné que des renseignements tout à fait insuffisants sur le terrible soulèvement qui désola une partie de la France en 1358. Aussi c'est à l'aide du Trésor des Chartes, des registres du Parlement, que Siméon Luce a pu préciser le caractère et les incidents les plus marquants de cette atroce guerre civile, et déterminer le théâtre où elle étendit ses ravages (Basse-Normandie, Ponthieu, Picardie, Valois, Beauvaisis, Soissonnais, Perthois, Parisis). Siméon Luce a tracé un tableau saisissant des grandes Compagnies et de leurs ravages après Poitiers, de la haine des vilains contre les nobles dégénérés, des effrois sinistres des populations : il a montré la part que prit le fameux prévôt des marchands, Etienne Marcel, dans cette révolte qui finit dans le sang et sans aucun profit pour les malheureux paysans. L'introduction et la bibliographie sont l'œuvre de M. Léopold Delisle.

Werner SÖDERHJELM
Professeur à l'Université de Helsingfors

LA NOUVELLE FRANÇAISE
AU XV° SIÈCLE

In-8, xii-239 pages........................... 7 fr. 50
Couronné par l'Académie française.

LES CLASSIQUES FRANÇAIS DU MOYEN-AGE

Collection de textes français et provençaux antérieurs à 1500

PUBLIÉS SOUS LA DIRECTION DE
Mario ROQUES
Directeur adjoint à l'École pratique des Hautes-Études

Cette collection de textes critiques rigoureusement établis, munis des variantes essentielles et accompagnés de courtes introductions et de glossaires des mots rares, est appelée à rendre aux romanistes les mêmes services qu'a rendus aux philologues classiques la Bibliothèque Teubner. A l'exactitude scientifique, à l'élégance de la forme, elle unira la modicité du prix ; enfin la publication sera assez rapide pour que d'ici à peu d'années cette collection puisse constituer une véritable bibliothèque française médiévale.

D'octobre 1910 à la fin de 1911 dix volumes au moins seront mis en vente. En vente et sous presse :

— **La Chastelaine de Vergi**, édité par Gaston Raynaud. In-8, viii-31 pages.. 0 fr. 80

— VILLON. **Œuvres**, éditées par Un Ancien Archiviste [Auguste Longnon]. In-8, xvi-124 pages................2 fr.

— **La Vie de Saint Alexis**, poème du xie siècle. Texte critique accompagné d'un lexique complet et d'une table des assonnances, par Gaston Paris. Nouvelle édition revue par Mario Roques. In-8.. 1 fr. 50

— **Courtois d'Arras**, jeu du xiiie siècle, édité par Edmond Faral.. 0 fr. 80

— **Le Garçon et l'Aveugle**, scène comique du xiiie siècle, édité par Mario Roques.

— PHILIPPE DE NOVARRE. **Mémoires**, édité par Charles Kohler.

— COLIN MUSET. **Chansons**, édité par Joseph Bédier.

— ADAM DE LA HALLE. **Le Jeu de la Feuillée**, édité par Ernest Langlois.

— PEIRE VIDAL. **Œuvres**, édité par Joseph Anglade.

— **Aucassin et Nicolette**, chantefable, édité par Mario Roques.

— **Le Coronement Loois**, chanson de geste du xiie siècle, édité par Ernest Langlois.

— **Chansons satiriques et bachiques**, édité par A. Jeanroy.

— **Aspremont**, chanson de geste du xiie siècle, édité par L. Brandin.

Le prix de ces volumes variera suivant le nombre de feuilles

Maurice BARRÈS
de l'Académie française

PAGES LORRAINES

Charmes-sur-Moselle, 1903. In-8 .... 5 fr.

Presque épuisé.

Frédéric MISTRAL

LA GÈNESI

Traducho en prouvençau
Emé lou latin dé la vulgato vis à vis
e lou francés en dessouto

per J.-J. BROUSSON

E, en tèsto, lou retra dou felibre

1910. Beau vol. In-8 carré, avec un portrait et un autographe. 5 fr.

Il reste aussi quelques exemplaires sur hollande à 10 fr. Ils sont
accompagnés du portrait tiré sur véritable papier impérial du Japon.

A. JEANROY
Professeur à l'Université de Paris

GIOSUÈ CARDUCCI

L'Homme et le Poète

1911. In-8, XVI-289 pages .... 5 fr.

En Janvier 1911 :

Charles MAURRAS

ANTHINEA

(D'ATHÈNES A FLORENCE)

Le Voyage d'Athènes
La Naissance de la Raison, Notes du Musée Britannique
Figures de Corse. — Le Musée des Passions Humaines de Florence
Le Retour et le Foyer, Notes de Provence

NOUVELLE ÉDITION REVUE

Beau volume In-12 .... 3 fr. 50

Il a été tiré 10 exemplaires sur japon à 20 fr.
et 25 exemplaires sur hollande à 10 fr.

<u>*En Novembre 1911 :*</u>

OEUVRES DE FRANÇOIS RABELAIS

Édition de la Société des Études Rabelaisiennes

PUBLIÉE PAR
MM. Abel LEFRANC
Professeur au Collège de France
Jacques BOULENGER, H. CLOUZOT, DORVEAUX, J. PLATTARD
et L. SAINÉAN

TOME PREMIER
GARGANTUA

Edition critique avec variantes, notes et commentaires

Un volume en deux parties in-4°, ensemble d'environ 800 pages,
avec planches. Ensemble et environ, **10 fr.**

*Il est fait aux membres de la Société des Études Rabelaisiennes
une remise de 25 % pour 1 exemplaire*

Pour permettre d'apprécier la richesse et la nouveauté de la documentation, nous envoyons sur demande un fac-similé d'une page du Prologue
et d'une page du texte avec les variantes et les notes.
Cette édition, si impatiemment attendue, marquera une date dans
l'Histoire littéraire.

Elle formera environ 8 volumes

Jean de JAURGAIN
Membre correspondant de l'Académie royale de l'histoire, de Madrid

Troisvilles, d'Artagnan et les Trois Mousquetaires

ÉTUDES BIOGRAPHIQUES ET HÉRALDIQUES

Nouvelle édition augmentée et entièrement refondue

1910. Beau volume in-8 écu de VIII-275 pages............. **4 fr.**

Dans ce petit volume, bourré de documents excessivement curieux,
l'érudit auteur de *La Vasconie* nous renseigne de la façon la plus précise,
la plus complète et la plus intéressante sur l'origine et l'historique des
deux compagnies de Mousquetaires, sur la manière dont se recrutait la
noblesse au XVII° siècle, sur les héros du célèbre roman d'Alexandre
Dumas, et sur une foule de personnages tels que les deux fils du capitaine
Tréville, Besmaux — le Baisemaux du *Vicomte de Bragelonne* — Cahusac,
Biscarrat, les deux Baas des guerres de la Fronde, etc. Un appendice
donne la liste des capitaines de chacune des deux compagnies de Mousquetaires, et un autre les noms des gentilshommes béarnais et basques
qui y servirent de 1624 à 1776.
Ajoutons que le volume contient des renseignements généalogiques
sur un grand nombre de familles et que la table alphabétique qui le
termine ne contient pas moins de 550 noms.

Louis MAIGRON
Professeur à l'Université de Clermont-Ferrand

LE ROMANTISME ET LES MŒURS

ESSAI D'ÉTUDE HISTORIQUE ET SOCIALE D'APRÈS DES DOCUMENTS INÉDITS

1910. In-8 de xix-508 pages, sous couverture romantique
(Presque épuisé)................................ 8 fr.

« Il ne juge ni les écrivains ni les œuvres. Il s'efforce seulement de
nous montrer l'influence que les idées et les sentiments romantiques ont
eue sur la société française. Il s'appuie sur les comptes rendus de procès
fameux et sur la correspondance d'illustres artistes : Berlioz, Flaubert.
Il nous apporte aussi des documents inédits et qui sont d'un grand
intérêt. Ce sont des vers de poètes obscurs ; ce sont des lettres qui furent
écrites par des étudiants, des commis, des femmes de fonctionnaires.
Les confessions d'un musicien tumultueux ou d'un romancier tourmenté
nous révèlent des souffrances que nous pourrions croire exceptionnelles.
Mais en écoutant le délire de la classe moyenne, nous sommes tentés de
croire, avec M. Maigron, que la maladie atteignit tout le monde. Ses
ravages furent profonds puisque nous n'en sommes pas tout à fait guéris...
Nous demeurons étonnés devant les documents que M. Maigron a réunis. »

NOZIÈRE, *Le Temps*, 7 mai 1910.

Couronné par l'Académie française.

LE ROMANTISME ET LA MODE

D'APRÈS DES DOCUMENTS INÉDITS

Avec une planche en couleurs et 24 photogravures hors texte
1911. In-8 de viii-250 pages................................ 10 fr.

*La Toilette féminine. — La Toilette masculine. — L'Ameublement et
l'Architecture. — Quelques Élégances romantiques. — L'Air romantique...*

M. Maigron voyage gaiement à la découverte parmi les ridicules d'autrefois. Son plaisir est d'interroger, non seulement les écrivains et les
artistes illustres, mais le monde inconnu des suiveurs, la foule anonyme
des modinomanes... « Nous étions, a dit Gérard de Nerval, ivres de
poésie et d'amour. » Voilà ce qu'il ne faut jamais perdre de vue, alors
qu'on s'amuse à feuilleter des gravures de modes.

H. ROUJON, *Le Temps.*

Sous presse :

LE ROMANTISME ET LE SENTIMENT RELIGIEUX

J. DURIEUX

LES VAINQUEURS DE LA BASTILLE

*Vainqueurs brevetés. — Gardes françaises. — Basoches du Châtelet et
du Palais. — Volontaires de la Bastille. — 35ᵉ division de Gendarme-
rie à pied. — Autres assiégeants : Citoyens, Soldats, Femmes.*

1911. In-8 écu et fac-similé de vainqueur................................ 4 fr.

« Fort bien documenté, très consciencieux. »

AULARD, *Révolution française*, avril 1911.

Prix Berger à l'Académie, 1911.

Charles SELLIER
Conservateur adjoint du Musée Carnavalet.

ANCIENS HOTELS DE PARIS

Fort volume in-8 de près de 500 pages .... 10 fr.

Voici un ouvrage qui intéresse les Parisiens curieux de l'histoire de leur ville. Dans ce volume, M. Sellier a réuni une suite de monographies très intéressantes sur divers hôtels de Paris ; l'hôtel Lepelletier de Saint-Fargeau, l'hôtel de Hollande, l'hôtel de Luynes, l'hôtel de Sens, l'hôtel de Saint-Chaumond, l'hôtel de Lamoignon, etc., etc., les uns naguère démolis, les autres qui subsistent encore. Ces études consciencieuses sur bien des points contredisent des traditions erronées et dissipent des légendes.

André **HALLAYS**, *Les Débats.*

Prix Berger à l'Académie, 1911.

Charles SCHMIDT
Archiviste aux Archives Nationales

LES SOURCES DE L'HISTOIRE DE FRANCE

Depuis 1789 aux Archives Nationales

Avec une lettre-préface de M. A. AULARD

In-8 .... 5 fr.

Les demandes de recherches — la salle de travail — les inventaires — les sources de l'histoire d'un département, d'un canton ou d'une commune aux archives nationales — les séries départementales. Grâce à cet excellent répertoire *« en quelques instants tout travailleur saura ce qu'il peut trouver et ce qu'il doit demander aux archives nationales. »*

AULARD.

Marcel MARION

LA VENTE DES BIENS NATIONAUX

PENDANT LA RÉVOLUTION

Avec étude spéciale des Ventes dans les départements de la
Gironde et du Cher

Fort volume in-8 de 448 pages .... 10 fr.

« Cet ouvrage est excellent : solidement documenté, fermement conduit, très clair, très vivant, plein d'ingénieuses vues de détail et de vues générales précises... Aucun érudit ne travaillera désormais cette épineuse question des biens nationaux sans l'avoir lu au préalable, pour son instruction personnelle comme un exemple. C'est le plus grand éloge, il me semble, qu'on puisse faire d'une œuvre scientifique de cette nature. »

Camille **BLOCH**, *La Révolution française.*

Couronné par l'Académie des Sciences Morales et Politiques.

Arthur CHUQUET
de l'Institut

ORDRES ET APOSTILLES
DE
NAPOLÉON
(1799-1815)

TOME PREMIER

Fort volume in-8, 400 pages .... **7 fr. 50**

TOME II

Fort volume in-8, 700 pages .... **10 fr.**

La gloire de Napoléon est du granit, et de même, la grande *Correspondance*, publiée par ordre de son neveu. Nous nous hasardons pourtant à publier, nous aussi, un supplément à cette *Correspondance*, à ajouter une petite pierre à ce beau et vaste monument. Notre supplément renferme, comme l'indique le titre, des *ordres* et des *apostilles*. Parmi les *ordres*, quelques-uns méritent sûrement d'être connus. Quant aux *apostilles* — signées Bonaparte, ou Napoléon, ou Nap., ou N. — nombre d'entre elles sont curieuses. Un mot, une phrase suffit au Consul, à l'Empereur pour exprimer sa volonté, pour trancher une question, lever une difficulté, prononcer un jugement, apprécier un homme, et certaines de ces apostilles sont des coups de griffe.

Cette liasse d'*ordres et d'apostilles*, trouvés au cours de nos recherches dans les archives de la guerre et classés selon l'ordre chronologique, sera suivie d'une autre, s'il plaît à Dieu, c'est-à-dire au public qui, je pense, nous saura gré de notre effort et de nos propres apostilles, des notes brèves, mais utiles dont nous avons accompagné ces pièces inédites.

(PRÉFACE.)

Du même Auteur :

ÉPISODES ET PORTRAITS
Trois volumes in-12. Chaque .... **3 fr. 50**

Bibliothèque de la Révolution et de l'Empire
par Arthur CHUQUET

Beaux volumes in-8 écu de 400 pages. Chacun.. **3 fr. 50**

TOME Iᵉʳ	TOME III
LETTRES DE 1815	**LETTRES DE 1793**
TOME II	**TOME IV**
LETTRES DE 1812	**LETTRES DE 1792**

D'autres volumes sont sous presse et pour paraître en 1911

J. LOUTCHISKY
Professeur d'histoire à l'Université de Kiew

L'ÉTAT DES CLASSES AGRICOLES
à la veille de la Révolution
In-12 de 108 pages...................................... **2 fr.**

Ce petit livre, aux conclusions si neuves, est le résultat de vingt ans de recherches. Qu'il suffise de dire que l'auteur a dépouillé tous les dépôts d'archives de la France.

Du même auteur, rappel : **La Petite Propriété en France avant la Révolution : de la vente des biens nationaux.** 1897. In-12, carte................... **3 fr. 50**

Charles OULMONT
Docteur ès lettres

LA POÉSIE MORALE, POLITIQUE ET DRAMATIQUE
A LA VEILLE DE LA RENAISSANCE

PIERRE GRINGORE
In-8 raisin de xxxii-384 pages..................... **7 fr. 50**

DANTE ALIGHIERI

VITA NOVA
SUIVANT
le texte critique préparé pour la Societa Dantesca italiana
par MICHEL BARBI
Traduite avec une introduction et des notes par HENRY COCHIN

1908. In-12 de LXXX-247 pages................... **5 fr.**
Couronné par l'Académie française.

Jean PLATTARD
Agrégé de l'Université, docteur ès lettres

L'ŒUVRE DE RABELAIS
Sources, Invention et Composition
Un vol. grand in-8 de 400 pages...................... **8 fr.**

Chapitre Iᵉʳ : *Les rapports de l'œuvre de Rabelais avec la littérature romanesque de son temps.* — Chapitre II : *Les Souvenirs du temps de moinage.* — Chapitre III : *La « Respublica Scholastica » dans l'œuvre de Rabelais.* — Chapitre IV : *Le Droit, les Études juridiques et les Légistes.* — Chapitre V : *Les Sciences médicales.* — Chapitre VI : *L'Humanisme.* — Chapitre VII : *L'Esprit populaire.* — Chapitre VIII : *Les Caractères généraux du style.*

Couronné par l'Académie française.

E. GÉRARD-GAILLY

UN ACADÉMICIEN GRAND SEIGNEUR ET LIBERTIN AU XVIIe SIÈCLE

BUSSY-RABUTIN

SA VIE, SES ŒUVRES ET SES AMIES

1900. In-8 de XIII-427 pages .... 6 fr.

M. G. G. consacre à B. R. qui n'avait jamais été à pareille fête un volume très documenté, dans le fond, très fringant dans sa forme, tel exactement que l'aurait souhaité ce gentilhomme de valeur et d'épée pour la défense et pour l'apologie de sa mémoire.

Ernest SEILLIÈRE. *Les Débats*, 9 novembre 1909.

« Encore un livre qui était nécessaire, qu'il fallait écrire pour faire connaître exactement un homme d'une certaine importance, appartenant au moins à la petite histoire et qui nous était parvenu tout enveloppé de légendes épaisses. M. G. G. s'est chargé de ce soin et s'est acquitté de cette tâche d'une manière solide et d'une manière charmante. Il nous a mis dans l'intimité de Bussy-Rabutin, de telle sorte que toutes légendes ont disparu et que la vérité, maintenant, sur ce personnage et sur ses aventures est absolument établie. Et avec cela on ne peut pas avoir plus d'esprit que M. G. G., plus de bonne grâce alerte, plus d'*humour*, plus de verve dans les discussions et plaidoyers, ni meilleur style. Son livre est agréable autant qu'il est essentiel. »

Emile FAGUET. *Revue des Deux-Mondes*, 1er janvier 1910.

Couronné par l'Académie française.

Joseph BÉDIER
Professeur au Collège de France

LES LÉGENDES ÉPIQUES

Recherches sur la formation des chansons de geste

I. *Le cycle de Guillaume d'Orange*

1908. In-8 .... 8 fr.

II. *La légende de Girard de Roussillon. — La légende de la conquête de la Bretagne par le roi Charlemagne. — Les chansons de geste et les routes d'Italie. — Ogier de Danemark et saint Faron de Meaux. — La légende de Raoul de Cambrai.*

1909. In-8 .... 8 fr.

GRAND PRIX GOBERT à l'Académie française.

Louis SERBAT

LES ASSEMBLÉES DU CLERGÉ DE FRANCE

ORIGINES, ORGANISATION, DÉVELOPPEMENT
(1561-1615)

1905. In-8 .... 12 fr.

Couronné par l'Académie des Inscriptions.

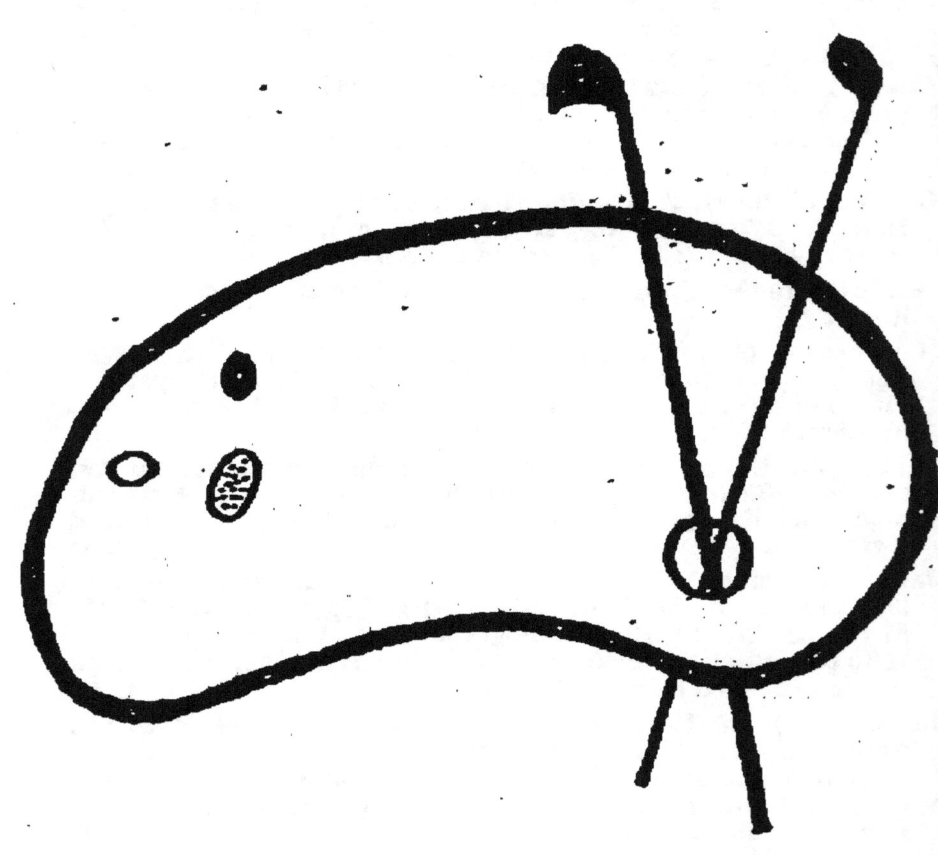
FIN D'UNE SERIE DE DOCUMENTS
EN COULEUR